湖湘自然历

与自然有约

湖南日报社——编著

C·S K 湖南科学技术出版社 · 长沙

国家一级出版社 全国百佳图书出版单位

目 录 CATALOG **春季** SPRING

立 春
LICHUN

… 在水一方，走近湿地① …

立 春
LICHUN

… 在水一方，走近湿地① …

雨 水
YUSHUI

… 在水一方，走近湿地② …

惊 蛰
JINGZHE

… 拥抱自然，寻访风景 …

春 分
CHUNFEN

… 盛大春日，林场寻花① …

夏季
SUMMER

芒 种
M A N G Z H O N G

··· 炎炎夏日，别有洞天 ···

夏 至
X I A Z H I

··· 微风绿浪，草原花香 ···

小 暑
X I A O S H U

··· 天长暑热，山水清幽① ···

大 暑
D A S H U

··· 天长暑热，山水清幽② ···

秋季 AUTUMN

寒　露
HANLU

··· 秋日林场，处处惊喜② ···

霜　降
SHUANGJIANG

··· 秋日林场，处处惊喜③ ···

冬季 WINTER

立冬
LIDONG

小雪
XIAOXUE

大雪
DAXUE

冬至
DONGZHI

立春
LICHUN

西洞庭湖国际重要湿地

——这是全世界最大的芦荻群落之一，更妙的是，
芦荻群下还隐藏着一个喧闹的鸟世界。

【图】周国华

在水一方，
走近湿地 ①

远天归雁拂云飞，
近水游鱼迸冰出。
——唐·罗隐

拯救世界濒危物种的希望地

◎东洞庭湖国际重要湿地

逐水而生，诗意栖居。

○ ● ○

立春时节，湖风吹遍，虽不觉暖意，却也少了刺骨，冬去春来了。

洞庭湖湿地此时分外热闹——数十万只候鸟在此越冬，鸣叫不绝于耳，群飞遮天蔽日；水下的鱼类也结束蛰伏开始四处游弋。

作为湖南面积最大的湿地，东洞庭湖国际重要湿地在天寒地冻的艰难时期对于候鸟们有着巨大吸引力——

这里有100多种淡水鱼类、1 000多种植物，15.67万公顷湿地天然存在多样生境。众多的浅水地是野鸭的最爱，大片滩涂令鸻鹬鸟类心仪，苔草原保障着雁群的生活之需。

在一项对2021—2022年越冬水鸟的调查中，记录到45种22.5万只候鸟活跃在此。这个数字代表整个洞庭湖区域一半以上的水鸟选择在此停留休息。如今，东洞庭湖国际重要湿地已成为长江流域最主要的水禽越冬地之一，被爱鸟者奉为"观鸟之都"，每年2-3月在此举行的国际观鸟节都会吸引来成千上万的观鸟者。

长江江豚与麋鹿也同样热爱这里。长江江豚在此嬉戏了上千万年，而麋鹿自从1998年渡江而来后就安营扎寨，野生种群逐年壮大。

在夏季丰水期，少数长江江豚和麋鹿会去南洞庭湖湿地游历，但只要一进入枯水期，它们就会全部返回，绝不流连在外。或许东洞庭湖才是最让它们心安之处。

东洞庭湖国际重要湿地被列为我国首批加入"国际重要湿地公约"的六个国际重要湿地之一，后又成为国家级自然保护区，被视作"拯救世界濒危物种的希望地"。

【小名片】东洞庭湖国际重要湿地，位于岳阳市境内，南集湘、资、沅、澧"四水"，北接长江，整体地貌为起伏很小的浅盆状平原，最大水位落差为17.76米，丰水期为水面掩盖，随着水位下降，会依次露出平缓的苇滩、草地、泥涂、沙洲。东洞庭湖国际重要湿地是我国湿地水禽的重要越冬地、繁殖地、停歇地，栖息着我国唯一的自然野化麋鹿种群，入选首批世界自然保护联盟(IUCN)绿色名录。

【文】彭雅惠　　【图】姚毅

珍稀鸟类频频现身南洞庭

◎南洞庭湖国际重要湿地

湿地因鸟而灵动。

○ ● ○

洞庭湖西南部，卤马湖、万子湖、漉湖等水域在此集结，共同描绘出8万多公顷的南洞庭湖省级自然保护区。

碧波万顷，飞鸟翔集，自然环境的改善吸引了珍稀鸟类纷纷现身。

去年11月，南洞庭湖资阳区管理局开展鸟类监测，在宝塔湖发现国家一级保护动物——黑鹳5只。这家伙可是出了名的"挑剔"，不仅要求觅食水域食物丰富，还得水质清澈，水深不超过40厘米。黑鹳是重要的环境指示性动物，满足它的"居住条件"十分不易。据了解，黑鹳已被《濒危野生动植物种国际贸易公约》列为濒危物种，全球仅存3 000只左右，在我国有1 000多只。

2023年春节，南洞庭湖也格外热闹，十余只中华秋沙鸭在这儿过年。据说，一次性记录到如此多中华秋沙鸭，在南洞庭湖还是头一遭。中华秋沙鸭是第三纪冰川末期遗留下来的古老物种、世界自然保护联盟红色名录濒危物种，是中国特产稀有鸟类，属国家一级重点保护动物，素有"鸟中大熊猫"之称。

更有意思的是，以往每年2月，极危鸟类青头潜鸭便会南迁，而近年来，青头潜鸭并未按时返回繁殖地，而是选择在南洞庭湖筑巢、繁殖后代。这是中国对青头潜鸭栖息、繁殖等生活习性的一个全新发现，也是全球生态学方面的重大发现。

【小名片】南洞庭湖国际重要湿地，位于洞庭湖西南方，由湘资澧沅四水和长江三口汇流注入，水系复杂，河湖纵横，是世界著名的内陆湖泊湿地，保护着珍稀野生动物，如白鹤、白头鹤、东方白鹳等。

该地以冲积三角洲平原—河溪湖沼地貌为主，属于华中地区湿润大陆亚热带季风气候，雨量充沛，地势平坦，保存着丰富多样、原始完好的湿地景观生态系统、湖泊自然风光和人文景观资源，被誉为"长江明珠"。

【文】刘奕楠
【图】李剑志

亲近洞庭的最佳选择

◎西洞庭湖国际重要湿地

万里尘土，千年风月，终成"天堂"胜景。

○●○

　　春暖尚未明显铺开，一望无际的芦荻群，立在西洞庭湖众多的洲滩，风吹过，千里雪。这是世界罕见的超大面积天然芦荻群落，更妙的是，芦荻群下还隐藏着一个喧闹的鸟世界。

　　浩瀚洞庭与奔腾长江的"接触"始于西洞庭湖。这里承接着来自松滋、太平两口的江水汇入，也是沅、澧二水的归宿。水流千万里，带来各地风与土，泥沙沉积在西洞庭湖，千年、万年、百万年，与日俱增，造就出如今"水浸皆湖，水落为洲"的沼泽地貌。

　　初春仍是枯水期，140多个湖洲和湖岛不规则显露，覆盖着丰茂而柔软的野草，除芦荻外，还有大片羊蹄、碎米荠、葎草、泥胡菜等经冬不衰。这样一个由湖、岛、洲交织组成的西洞庭湖湿地，正是人们亲近洞庭湖的最佳选择之一，当然，也是水鸟的"天堂"。

　　约3万公顷湿地内，历年累计记录鸟类200多种，受到全球关注的白鹤、白头鹤、白尾海雕、东方白鹳、黑鹳等诸多国际重点保护鸟类年年来此越冬。目前，这里已经成为我国淡水湿地生物多样性最丰富的区域之一，也是长江流域湿地生物多样性保护的关键区域之一。

【小名片】西洞庭湖国际重要湿地，位于洞庭湖西滨、常德市汉寿县境内，是典型的内陆湖泊湿地。目前是国家级自然保护区，保护区总面积30 044公顷，以黑鹳、白鹤等珍稀濒危物种及独特生态系统为主要保护对象。湿地内洲滩密布，生物资源丰富，珍稀濒危物种有黑鹳、白鹤、白头鹤、东方白鹳、白尾海雕、水杉等40余种。

【文】彭雅惠　　【图】周国华

一起来遇见"微笑天使"

◎横岭湖省级自然保护区
遇见"微笑天使"。

○ ● ○

　　长江江豚是全球唯一的淡水江豚，古老而珍稀，全球仅存1 000余头，因嘴部天然上扬呈微笑状，故被称为"微笑天使"。

　　很少人知道，在湖南有一处隐秘地，一年四季都有长江江豚欢跃湖面，"遇见"概率相当高，这里就是横岭湖省级自然保护区。它在南洞庭湖与东洞庭湖交汇处，被称作"天然的生物博物馆"。丰水期洲滩被水淹没，与洞庭湖碧波相连，是各类水生生物的理想栖息地；枯水期则由大大小小24个常年性湖泊和三大片季节性洲土珠连玉缀，呈现典型的湿地特征，成为越冬候鸟的天堂，江豚选在此地出没自然有它的道理。

【小名片】横岭湖省级自然保护区，位于岳阳市湘阴县境内，地处洞庭湖最南端，属于洞庭湖的重要组成部分，保护区总面积43 000公顷，是国家一级重点保护鸟类中华秋沙鸭主要越冬地，国家一级重点保护物种江豚主要分布区，同时还是麋鹿自然野化种群的栖息地之一，主要保护对象为湿地及珍稀鸟类。

【文】刘奕楠　彭雅惠
【图】横岭湖管委会

　　近年，人们通过清理欧美黑杨、河湖禁捕、渔民上岸……重建湿地生态系统，人与自然和谐相处的美丽画卷在横岭湖湿地铺开。据调查，2019年以来，这片水域江豚数量显著增加，鱼类及其他水生原生生物以肉眼可见的速度恢复，各种候鸟、留鸟数量和种群稳步增长，中华秋沙鸭、青头潜鸭、白鹤等濒危珍稀物种种群数量逐年增加。

珍贵物种在这里悄悄生长

○浪畔湖国家重要湿地

山林深处，藏着天工造物的惊喜。

○ ● ○

　　古老的大山，往往藏着天工造物的惊喜。

　　在湘南莽山海拔1 320米左右的森林里，安静地躺着一方山地湖泊，人们称它浪畔湖。湖水清澈，湖周形成约31公顷的天然森林沼泽湿地。

【小名片】浪畔湖国家重要湿地，位于郴州市宜章县莽山国家级自然保护区，周围群山环绕，中间平如草原，常年积水不干。土层有机质含量较高，适宜多种植物生长。

【文】彭雅惠　　【图】周爱梅

　　千米海拔、群山环绕、人迹罕至等因素，使浪畔湖湿地演化出独特生境，为平原湖区湿地难以生存的动植物提供了生长、繁衍的土壤。

　　一度被认为已经从中国大陆灭绝的宽叶泽苔草，21世纪之初在这里被重新发现；睡莲中的珍品雪白睡莲，被列为濒危植物，可以在此一睹芳踪；国家重点保护野生动物黄腹角雉、莽山烙铁头等，也依赖这样特殊的生境生活着。

鸟为主，人为客

◎衡南江口鸟洲省级自然保护区

鸟鸣洲更幽。

○ ● ○

【小名片】衡南江口鸟洲省级自然保护区，区内有脊椎动物310种，占全省总数的37.5%；已发现鸟类182种，占全省总提供种数的48.5%。

【文】唐文萱　刘奕楠
【图】衡南县江口鸟洲管理所

"飞时疑是万朵云，落时恰似千堆雪。"衡南江口鸟洲，是名副其实的鸟类天堂，人来到这里，会有做客的感觉。

早春时节，斑嘴鸭、鸬鹚、飞雁等三五成群、嬉戏喧闹。这里是我国乃至全球同纬度地区著名的鸟类栖息地。候鸟南迁北徙或跨国旅行，也喜欢来这里小憩，可以说是"候鸟驿站"。

鸟儿偏爱鸟洲，自然不是因为名字。江口鸟洲内植物起源古老，种类繁多，有野生木本植物29科151种，草本植物48科124种。鸟儿飞到这儿来，总能找到一处喜欢的"家"。

"美得让人心痛的地方"有多美?

◎五强溪国家湿地公园

春天,我想变成湿地上的一株青草、一只水鸟。

○ ● ○

沉陵,镶嵌在洞庭湖平原向云贵高原过渡带,连接武陵、雪峰两大山脉,汇聚沅水、酉水两条大河。重峦叠翠中大河滔滔,激情与沉稳碰撞,造就出五强溪国家湿地公园。

【小名片】五强溪国家湿地公园,位于沉陵县,属于湿地森林复合生态系统,是世界自然基金会确定的全球200个具有国际意义的生态区之一。

【文】彭雅惠　【图】吴友林

这片水乡泽国生来就不平静,它有雄奇险峻的群山,有万古峥嵘的岩壁,有披霞戴雾的峡谷,还有婀娜飘逸的林泉,当一切组合起来,当然成为"美得让人心痛"中的一大"痛点"。

苏铁、银杏、水杉、南方红豆杉等一大批国家重点保护植物,中华秋沙鸭等百余种国家、省重点保护动物都以此地为家,一代又一代。

雨水
YUSHUI

郴州西河湿地

——自郴州南的高山奔涌而来，一路向东北，
西河以优美的柳叶状汇入耒水，孕育出一片江南草原。

在水一方，走近湿地②

春雨足，
染就一溪新绿。
——唐·韦庄

寻访蓝墨水的上游

◎汨罗江国家湿地公园

草在结它的种子，风在摇它的叶子。

○ ● ○

【小名片】汨罗江国家湿地公园，位于湖南省汨罗市境内，主要包括汨罗江干流汨罗段及其周边区域。公园内物种多样性高。湿地类型以河流、谷地和河滩为主，包括河流湿地、湖泊湿地、沼泽湿地三大湿地类型，具体分为永久性河流、洪泛平原湿地、永久性淡水湖、草本沼泽4个湿地型，是中亚热带江河冲积平原向低山丘陵区过渡区域河流湿地的典型代表。

【文】彭雅惠　　【图】任滔

蓝墨水的上游是汨罗江。

2300多年了，这条253千米的江，早已超越自然意义上的存在，却始终保留着自然赋予它的独特美好。

从江西修水县奔向洞庭湖，地图上的汨罗江蜿蜒曲折。只有去到跟前才能发现，行至汨罗一地，江面陡然开阔，江流平缓。细小的泥沙一点点沉积，在岁月的"加持"下，不知不觉变成一眼望不见边际的广袤洲滩，足有2万余亩（1亩≈0.067公顷）。端午汛一来，洲滩被江水淹没，一片茫茫；两三个月后，洲滩重新露面，新萌出的小草短而茂密，像诗里说的"它只用指尖，触了触阳光"。

这是汨罗江国家湿地公园最令人印象深刻的样子——它拥有江南最大的内河湿地草原。

眼下，离汛期还远，刚挥别冬日的汨罗江国家湿地公园已经绿草茵茵，紫云英也在集体酝酿怒放。很快，安家于此的鱼虫鸟兽就要迎来紫红的花海。

在这片江南草原上，花海一年四季都不缺。汨罗江进入岳阳境内，有4条源自幕阜山的支流汇入，水流从海拔1 000余米的高峰流下，一路将不同海拔山地所生长的典型植物种子携带至汨罗江国家湿地公园；洪水季节，洞庭湖倒灌，又会带来湖区的水生植物。于是，在这片江南草原上，每个时令都有应时而开的野花，不断变换着花海的色彩。

还原绝美国风图

◎水府庙国家湿地公园

天下水府，人间瑶池。

○ ● ○

【小名片】水府庙国家湿地公园，地处娄底和湘潭两市交界处，以河流湿地和人工湿地为主，同时具有保持水土、涵养水源、调节气候等生态功能，2014年成为湖南首批授牌的国家湿地公园之一。

【文】彭雅惠　【图】刘锋

两个黄鹂鸣翠柳，一行白鹭上青天。

这可能是最多国人能脱口而出的咏春之诗，一幅在中国人心里美了1 200多年的春景国风图。

世事变迁，如今城镇飞速发展，诗中之景已难在日常生活中亲见。而在湖南中部的一处湿地，却可完美还原——这里是鹭鸟停留华中的重要聚集地，每年清明前后至秋分时节，小白鹭、大白鹭、中白鹭、牛背鹭、苍鹭、池鹭等铺天盖地，青山为屏，绿水作衬，美得惊人。

这里湿地植物的完整性、丰富程度在同类湿地中名列前茅，在省内仅次于洞庭湖湿地，春季不仅烟柳成行，银杏、金荞麦、野大豆、喜树等多种国家一、二级保护植物也欣欣向荣。

这里，就是水府庙国家湿地公园。

20世纪50年代，湖南人在湘江一级支流涟水经双峰县杏子铺处筑起大坝，形成水府庙水库，造就了跨娄底、湘潭2市4县(市、区)的5 591公顷水域，相当于数个杭州西湖。如此辽阔的水域，正位于雪峰山脉向洞庭湖平原过渡地带，因此，山地、高岗、丘陵、平原交错，水岸线长180多千米，36个岛屿分布水中，数千公顷水田环绕四野，多种地貌配合组成城郊生态型湿地，需求不同的湿地动植物都可在此寻得生存之处。

错落洲滩，精致小岛

◎平溪江国家湿地公园

江清明月近，岛上岁月长。

○ ● ○

巍巍雪峰山麓，数不尽的山溪绕峰奔流，其中若干汇聚成平溪江。

以江为轴，铺开了平溪江国家湿地公园。水巷绵延43.8千米，可乘舟穿行。碧波倒影里，水天一色，鱼跃鹰翔。顺水行舟，错落恣意的洲滩组成小岛在湿地中星罗棋布，精致得如大自然精心安排的"雕花"。

江心有小岛叫伏龙洲，绿树成荫，鸟语花香。据说先人在洞口安居乐业由此而始，国家一级保护文物单位萧氏宗祠至今立于洲上。

【小名片】平溪江国家湿地公园，位于洞口县。主要保护对象为南方丘陵河流湿地生态系统、优美的风景资源、珍贵的野生动植物等。

【文】刘奕楠
【图】平溪江国家湿地公园管委会

触手可及的诗意田园

○衡山萱洲国家湿地公园

结庐在湿地，悠然见诗意。

○ ● ○

【小名片】衡山萱洲国家湿地公园，位于衡山县与衡东县交界处，湿地面积约2 800公顷，属典型河流湿地生态系统，是湘江流域一级水功能保留区。

【文】彭雅惠
【图】唐雪薇　唐志军

湘江北上，一路纳新，流经衡阳时碧水丰盈，与数条支流共同在衡山、衡东交界处润泽出一片水乡——衡山萱洲国家湿地公园。

水域之优鱼先知。这片水乡是中国"四大家鱼"的产卵场、越冬场和洄游通道之一；对环境最敏锐的鸟类，也将此处作为全球迁徙通道中的重要一环。

人类聚居于此已有千年，将平凡田园变得富有诗意。对于农户们是"此中有真意，欲辨已忘言"；对于游人们是逃脱樊笼、得返自然；对于一瞥而过的路人，他们也会惊觉，诗并不总在远方。

一个叫"琼"的湖

◎琼湖国家湿地公园

水乡泽国，自在生灵。

○●○

水流动起来，琼湖的故事就活了。

地处雪峰山余脉与洞庭湖平原的交接处，湖南琼湖国家湿地公园藏在洞庭湖的一个半岛之中，三面环山，岗地洼地交错，湖汊和港湾交织。

琼湖曾被分割成7个湖泊，水流不畅。通过加宽加深运河、开挖人工运河、修建引水闸……湖泊终于连通，融汇奔流向南洞庭。

白额雁、鸳鸯、雀鹰、鸢等珍稀鸟类被吸引停留。目前，有48种鱼类、110多种鸟类栖居在这处水乡泽国，自由且舒适。

【小名片】琼湖国家湿地公园，位于沅江市南洞庭湖、西洞庭湖和资江、沅江与澧水交汇地带，湿地面积1 700多公顷，涵盖湖泊湿地、沼泽湿地和人工湿地三大湿地类型。

【文】刘奕楠 【图】罗军

从水患之地到"城市绿肺"

◎长沙洋湖国家湿地公园

面朝洋湖,春暖花开。

○ ● ○

【小名片】长沙洋湖国家湿地公园,位于长沙市洋湖片区,是中部地区最大的城市湿地公园。湿地面积约485公顷,其中修复和保育区域面积约400公顷,已成为城市人类与自然亲近的桥梁。

【文】刘奕楠　【图】辜鹏博

在长沙,"面朝大海,春暖花开"太奢侈,但"面朝洋湖,春暖花开"别样动人。

因为地势低洼又临近湘江,曾经的洋湖是一个连年水患之地。从2009年开始,洋湖湿地公园启动建设。

如今,湿地内绿化覆盖率高达90%,1 300多种湿地植物汇集,负氧离子高出中心城区6倍多,每年可固定吸收二氧化碳约6 500吨。灰天鹅、白鹭等数百种鸟类与许多亚热带动物、水生动物及昆虫在湿地栖息,勾画出完整的湿地生态系统。

闻道浯溪水亦香

◎浯溪国家湿地公园

溪流天地外，山色有无中。

○ ● ○

广袤的阳明山上，泉眼无声，不知多少溪流回绕山林。一些悄无声息重入山体，一些汇聚合流，淌向更广阔天地。有一条走得最远，一直汇入湘江上游。

从山川到江湖，这条远行的山溪拨开青山，路过唐梓、宋柏、元明清的松与檀，经历岩壁、砾石、沼泽的泥淖和洲滩的细沙，依然清澈如初。

纯净的水，吸引了唐玄宗的道州刺史元结，他决心依水结庐，并将这条山溪称作"浯溪"，镌刻《大唐中兴颂》于溪边绝壁。从此，浯溪声名大噪。

一千多年沧桑变幻，浯溪水至今保持Ⅱ类标准，人们直接掬溪水而饮，也无伤大雅。

【小名片】浯溪国家湿地公园，位于祁阳市，总面积3 453.5公顷，涉及13个镇和街道。

【文】彭雅惠
【图】祁阳浯溪国家湿地公园管理局

惊蛰
JINGZHE

雾绕石牛寨

——陡峭峰林伟岸、婀娜、奇诡，无不展示
大自然鬼斧神工。

【图】岳阳市林业局

拥抱自然，寻访风景。

众蛰各潜骇，
草木纵横舒。

——东晋·陶渊明

凭什么成为湖南首个国家公园

◎南山国家公园

最爱南山行不足。

○ ● ○

【小名片】南山国家公园，是全国首批十个之一、我省唯一一个国家公园体制试点区。南山国家公园包括绥宁黄桑、新宁舜皇山、东安舜皇山3个国家级自然保护区和崀山风景名胜区部分区域，以及各保护地之间的连接区域。公园共涉及自然保护地14处，包括1处世界自然遗产地、4处国家级自然保护区、6处国家级自然公园和3处省级自然保护地。南山国家公园涵盖了我国中南部山地生态全部类型，是"山水林田湖草"生命共同体的典型代表。

【文】胡盼盼　【图】邓学健

　　雪峰山与南岭西段越城岭的交汇处，偏居一隅的南山，凭什么成为湖南的第一个国家公园？

　　这里的确有绝美风光。南山国家公园包含"中国丹霞"崀山世界自然遗产、两江峡谷国家森林公园、南山风景名胜区、白云湖国家湿地公园等众多自然保护地，这里既有江南山水的灵秀神奇，又有北国草原的苍茫雄浑。

　　但成为国家公园，更关乎生态价值。2018年以来，这里的红外相机多次监测到国家一级保护动物林麝、白颈长尾雉等，以及国家二级重点保护动物黑熊、毛冠鹿等。漫步南山，你也许能发现不常见的植物，有人发现了"花中玉女"水晶兰，有人遇见了列入《濒危野生动植物种国际贸易公约》的翘距虾脊兰……

　　飞时疑是万朵云，落时恰似千堆雪。每年3-4月、9-10月，南山国家公园都会出现万鸟齐飞的壮美奇景。这里是重要的国际候鸟迁徙通道，而且是全国罕见的一年两季候鸟迁飞通道。

　　缘于域内完整的生态系统，南山国家公园已然成为古老生物的避难所、生物物种和遗传基因资源的天然博物馆。1995种昆虫和脊椎动物、3083种高等植物记录在案，包括77种国家重点保护野生动物和76种国家重点保护野生植物。

自然遗产，绝版风景

○武陵源风景名胜区

无限风光在险峰。

○●○

【小名片】武陵源风景名胜区，位于湖南西北部，由张家界市的张家界国家森林公园、慈利县的索溪峪自然保护区和桑植县的天子山自然保护区组合而成，后又发现了杨家界风景区。景区内奇山异峰3 000多座，其中海拔在千米以上的有243座。

由于武陵源地处石英砂岩与石灰岩结合部，景区北部大片石灰岩喀斯特地貌，经亿万年河流变迁降位侵蚀溶解，形成了无数的溶洞、落水洞、天窗、群泉。

【文】彭雅惠
【图】钟青浓

"打开"湖南最古老也最美的方式是什么？

当然是去张家界武陵源。

冬日，武陵源"风光不与四时同"，雾凇雪景，人间仙境。

武陵源核心景区凭借奇山异石，早已是国际知名旅游目的地，特有石英砂岩峰林地貌被命名为"张家界地貌"。这种地貌的形成，是因为岩石同时具备了岩质坚硬、厚度巨大、岩层平缓的特点，在世界范围内，除了武陵源的石英砂岩，找不到第二个。

3 800多柱山峰，绿树包裹、四季常青，如人如兽、如器如物，气势壮观。冬季被冰雪覆盖时，银装素裹，更是风光奇绝。

作为中国第一个国家级森林公园，武陵源核心景区空气的含尘量较外界减少80%，细菌含量减少97%，负氧离子是城市的500倍。

作为世界自然遗产地，这里是地质的博物馆，也是动植物的王国，生活着47种鸟类、28种野生兽类，其中属国家保护的珍稀动物有12种；木本植物种类多达102科751种。

全球"长寿石"的聚集地

◎安化云台山景区

山中不知岁月长。

○●○

【小名片】安化云台山景区，坐落在益阳市安化县，最高海拔998.17米，以岩溶地貌等地质遗迹景观为主，具有罕见的冰碛砾泥岩。山上云海全年有近200天可以观看。

【文】彭雅惠
【图】益阳市林业局

距今约6亿至7亿年间，地球很寂静，海洋诞生了无脊椎生物，陆地上生长着异常高大的蕨类植物。一场从极冷到极热的气候剧变发生，地球表面形成冰碛岩。

沧海桑田，亿年流逝。冰碛岩成为世界稀有石种之一。其色泽灰褐或暗褐，坚而脆，内夹杂有砂石或古生物化石。基于冰碛岩生成的来龙去脉，人类称其为"长寿石""吉祥石"，视其为珍宝。

不知出于怎样的偏爱，整个地球85%的冰碛岩集中在益阳安化地区，境内云台山就是大面积冰碛岩地貌的典型代表。

来自恐龙时代的遗迹

○石牛寨国家地质公园
一梦亿万年。

○ ● ○

恐龙时代，我们所生活的湖湘大地什么样？在湘鄂赣三省交界处的石牛寨国家地质公园，还遗留着当时的印迹。

侏罗纪和白垩纪期间，我国境内广泛发生地壳运动，湘鄂赣三省交界处也由红壤盆地抬升为起伏不平的山丘。又历经万亿年风化、水蚀，石牛寨国家地质公园的丹霞地貌成型，强烈地展示出大自然的鬼斧神工。

这里既有幼年形态的方山台寨，也有壮年形态的邱峰，还有老年形态的孤峰残丘，能将地壳剧变过程和地质遗迹发育形态展现得系统而完整。

【小名片】石牛寨国家地质公园，位于平江县，是国内目前发现的规模较大的丹霞地貌群落之一，为壮年早期密集峰丛型、花岗质砂砾岩类丹霞地貌的典型代表。

【文】彭雅惠
【图】岳阳市林业局

桃源不远，就在此处

○桃花源风景名胜区

不知岁月，怡然自得，桃源知何处？

○ ● ○

【小名片】桃花源风景名胜区，位于桃源县，景区面积150多平方千米，其中核心景区面积约12平方千米，属中亚热带季风湿润气候区，留有新石器时期大溪文化遗存。

【文】彭雅惠
【图】常德市林业局

1600年前，陶渊明写下《桃花源记》。从此，中国人有了一种奇妙情结，希望见证文中遗世独立的世外桃源。

在常德市西南34千米处，沅水下游，有一处桃花源风景名胜区，是《辞海》《词源》中唯一添加注释的《桃花源记》原型地，是截至目前国务院唯一备案认可的"桃花源国家级风景名胜区"。

据考证，这里古时正是古武陵县境内，因桃花满谷而得名。如今，桃源深处依然古木垂荫，蔚然深秀，春天可寻到"芳草鲜美，落英缤纷"的意境。

最倔强的"生命"

○酒埠江国家地质公园

岁月的痕迹，时间的证明。

○ ● ○

从攸县鸾山镇桃源村顺七里峡而行，在被溪水一分为二的天地间，会遇见一座宏大石桥——凌空60余米，两端融入山体，气势夺人。当地人将其命名为"仙人桥"。

实际上，这是地质学的岩溶"天生桥"，属于溶蚀洞穴残留的一部分。溶蚀洞穴进入老年期后，会持续性局部崩塌，产生天窗、天坑，直至解体。

但总有些"生命"特别倔强。少数溶洞崩塌后努力保存住最后一点残留，形成"天生桥"，像一个符号，或者说是一个纪念，证明这里曾经有过别样的岁月。

【小名片】攸县仙人桥景区，是酒埠江国家地质公园的精品景点，典型的喀斯特地貌。石桥下洞高60余米，桥面两头窄中间宽，最窄处约50厘米，最薄处2米。

【文】彭雅惠
【图】株洲市林业局

是谁，与大山融为一体

◎西瑶绿谷国家森林公园

最浪漫的事，莫过于与美融为一体

○ ● ○

【小名片】西瑶绿谷国家森林公园，位于临武县西南部西瑶乡境内，有集中连片保存较完整的天然次生林4 000多公顷，庇护了超过1 700种植物、数百种动物生存繁衍，其中，已记录国家重点保护动物30多种。

【文】彭雅惠
【图】周卫民

并不是随时随地，人们都能看到高台长鼓舞。

高台长鼓舞是瑶族的特殊传统舞蹈，已列入国家级非物质文化遗产名录，500多年来只靠口口相传让表演套路传承。

在湖南，观赏高台长鼓舞，郴州临武县西山瑶族乡是最佳选择，这里传承的套路尤其独特——舞者在垒起的八仙桌上以蹲姿起舞，蹲得越低水平越高。

只因此地瑶民终年出入山林，他们形成弓背屈膝的肢体习惯，他们所创制并传承的高台长鼓舞也烙上浓郁的山林文化气息，用蹲舞表现生活的状态，一代代传承下来。

千年时光流逝，西山瑶民的生活与文化已与山林无法分割，成了今天世人所知的西瑶绿谷。

三生三世，十里画廊

◎湄江国家地质公园
十里峭壁列画屏。

○ ● ○

悬崖峭壁不罕见，但多以险峻闻名。而在湄江国家地质公园，有一面峭壁被称作"十里画廊"，因美著称。

沿湄江西岸呈南北展布，长达3 500米，与河床相对高差达360米，悬崖断面近乎直立，仿佛一座巨大的屏障。大自然的鬼斧神工凿出形态各异的画面，四季的颜色、晨昏的光线都是最好的"颜料"。

临岸观山，山在水里，水在山中，恰似一幅国画。

【小名片】湄江国家地质公园，位于湘中腹地涟源市西北部，总面积128平方千米，是湘中地区唯一的国家地质公园，其岩溶地质遗迹的规模、种类、内涵均具有全国乃至世界性意义。

【文】刘奕楠
【图】娄底市林业局

春分
CHUNFEN

溆浦县乡村成片油菜花竞相绽放。

——料峭春寒中，微风浮动送来花讯，
蜂蝶虫蚁便雀跃起来，满怀欢喜扑入其中。

【图】李 健

盛大春日，
林场寻花。①

等闲识得东风面，
万紫千红总是春。

——宋·朱熹

油桐花海，卷起千堆雪

○青坪国有林场

只道春寒都尽，一分犹在桐花。

○ ● ○

人间四月天，青坪千堆雪。

深春时，行车在张花高速穿过永顺县青坪镇路段，目之所及，漫山遍野一片雪白，似雪，似云，似雾。

这是青坪国有林场的千亩油桐花，在山野静静盛开，纯白花朵繁密地挂满枝头，春风吹过，桐花飞落，白了行人头。

永顺县青坪镇，四周山脉连绵，有一处山岭叫茅山坡，只生长茅草，树木稀少。20世纪60年代，当地政府选定这处贫瘠的山岭作为实验林场。数十年植树覆绿，山岭逐渐林木茂密，成为拥有12 600亩林地的青坪国有林场。

林场的土壤条件适宜经济价值很高的油桐树生长。因此，过去许多年，当地人积年累月在此栽植油桐树。油桐所产桐油是世界最佳干性油之一。旧时候，桶柜箱盆等各类木工品的防水全靠桐油。传统油纸伞工艺，就是在伞纸上画彩绘、刷桐油，精美又实用。在第二次世界大战期间，桐油成为我国重要的国防战略资源，为反法西斯战争最后胜利立下不朽功勋。因此，在各种原产于中国的"桐"木中，唯油桐的英文是颇具敬意的"Tong tree"。

青坪国有林场油桐林囊括了全国油桐种质，保存317个品系，成为全国最大的油桐国家林木种质资源库，清明前后盛放，花期长达半个月。沿着山林步道，从山脚到山顶，数不尽的油桐花尽情绽放，一朵朵、一团团、一簇簇，白瓣红蕊地俏立着，馥郁芬芳，叫人以为身入仙境。

【小名片】青坪国有林场，建于1964年，距离永顺县城49千米。油桐花，大戟目植物油桐的花，花白略带红色，雌雄同株异花，花瓣5片，雄花具雄蕊8-10蕊，果实内有种子3-5颗，花期4-5月。

【文】彭雅惠
【图】湘西土家族苗族自治州林业局

紫荆群落，
灿烂山林。

◎大云山国有林场

行至水穷处，坐看紫云飞。

○ ● ○

一枝独秀不是春，百花齐放春满园。

早在惊蛰，岳阳县东北部的大云山国有林场已姹紫嫣红，李花雪白，山桃夭夭，到清明时节，终于轮到紫荆花的"主场"。沿山势拾级而上，一路都在紫红的花海里穿行，脚下有山溪细流，眼前是无数小巧如米粒般的花朵竞相萌发，一派天真灿烂。

紫荆虽不名贵，胜在花团锦簇，省内各处可见，但多零散，形不成气势。在大云山国有林场的紫荆，一望无际，远远一望，有如紫云缥缈。

据说，《山海经》就有大云山的身影，不过那时候叫作"暴山"，是一个虫灾水旱灾害频发之地。不知哪个朝代的古人在山间石崖上雕刻了观世音像，从此以后，大山居然渐渐变得祥和安宁，从而改名为"仁山"，却因岳阳方言口音，被外人理解成"云山""大云山"。

【小名片】大云山国有林场，位于岳阳县东北部，属幕阜山中山地貌，最高海拔911.1米，最低海拔152米。该林场有林地约800公顷，山林中物种多样，据考察有木本植物500余种。

【文】刘奕楠
【图】大云山管理处

作为幕阜山西北支山脉，大云山从来林海起伏、植被繁盛，因此，1992年当地政府在海拔900米左右的山林建造林场，森林覆盖率高达96.3%。

春天的清晨，林场常有云雾缭绕的烟云胜状，漫山紫荆，别具风情。

这里有一种又大又艳的山茶花

◎中坡国有林场

山林多奇采，阳鸟吐清音。

○ ● ○

从怀化火车站往西北驾车约1千米，中坡山迎面而来。春季见它，不是"只此青绿"，还有漫山茶花深红浅碧、嫣紫粉白交织，铺开无边无际的绚丽织锦。

此地生长的可不是寻常茶花。行走游步道，花树顺道延绵，所见叶和花都格外大，一朵花几乎可媲美牡丹。这不同寻常的茶花是怀化独有品种大花红山茶。

中坡国有林场通过创建茶花种质资源库，发展出众多系列的大花红山茶，成为中南五省最大的红花油茶科研基地。每年春讯一至，山林便有如升起彤云，蔚为壮观。

【小名片】中坡国有林场，地处怀化市鹤城区，经营总面积1 362.65公顷。初步查明现保存有野生植物1 700余种，野生动物100余种。被评为全省第一批"森林康养试点示范基地"。

【文】彭雅惠
【图】怀化市中坡国有林场

万亩梨花连片开，是怎样的风姿？

○靖州排牙山国有林场

梨花风起正清明。

○●○

【小名片】靖州排牙山国有林场，位于靖州苗族侗族自治县西南部，属雪峰山系低山地貌，由排牙山、地理冲和飞山湖三个片区组成，享有"大自然空调"美誉，获评为"湖南省秀美林场"。

【文】刘奕楠
【图】靖州排牙山国有林场

春日，沿着一条蜿蜒曲折的鹅卵石道走向靖州排牙山国有林场，路旁全是盛开的梨花。登高远眺，山头连着山头，一片白茫茫的花海，如云似雪。春风拂过，柔嫩的花瓣下成了雨，洁净神圣，玲珑纤巧。

梨花成就了排牙山独特的秀美春景。这里有连片的金秋梨树近万亩。到了成熟时节，农户和工人三五成群，将刚采摘的梨子分类、包装、装箱、装车，又是另一番繁忙景象。

芳香四溢的神秘山林
藏着什么宝贝？

○江垭国有林场

古镇藏"思仙"，寻香入层林。

○ ● ○

【小名片】江垭国有林场，位于
张家界市慈利县，最高海拔1 121
米，是海内外著名的杜仲种质资
源基因库，江垭镇因此被冠以
"杜仲名县"美誉。

【文】彭雅惠
【图】杨旭东

物华天宝，常存山野。张家界千年古镇江垭镇有一片"神秘"
林海，毗邻江垭水库，每年春天，层峦叠嶂也挡不住"寻宝者"的
向往。

这片山林弥漫花香，却不见五彩缤纷的花海，只在树林深处开出
簇簇嫩绿花丛，像新萌的叶，这便是馨香来源——杜仲雄花。

由于对生长环境很挑剔，杜仲已成我国珍稀濒危第二类保护植
物。而杜仲雄花又是汇集杜仲精华的宝物，自古有言："百草之中，
杜仲为贵；杜仲上下，雄花为尊。"

江垭国有林场现有300多公顷杜仲树，仲春时节，绽放一旬
花期。

十万亩杜鹃花海，怎一个美字了得

◎双牌县国有阳明山林场

落入凡间的锦缎，惊艳了时光。

○ ● ○

【小名片】双牌县国有阳明山林场，位于永州市双牌县，属五岭山脉，最高海拔1 624.6米，动植物资源丰富，森林覆盖率达98%。

【文】刘奕楠
【图】双牌县国有阳明山林场

2006年，双牌县阳明山以连片十万亩天然野生杜鹃花创下上海吉尼斯世界纪录，从此蜚声中外。

每到4月中旬，杜鹃花层层叠叠，依次登场。此地杜鹃品种多达28种，云锦杜鹃分布在山顶，映山红连片布满山腰，猴头杜鹃挂在右侧岩肩，满山红杜鹃遍布山盟石步道，马银花杜鹃位于万寿寺以下山岭，鹿角杜鹃则环万和湖缠绕山头。

茫茫杜鹃海中，数一种以阳明山命名的杜鹃花尤为珍贵。它能一枝开出5~8朵花，淡紫色或紫红色花冠呈漏斗状钟形，虽迷你却美艳动人。

重温"流逝"的美

ﾟ五郎溪国有林场

山深未必得春迟,处处山樱花压枝。

○ ● ○

三毛曾写:"岁月极美,在于它的必然流逝。"这话套用在樱花上,同样抓住神髓。

樱花是春天最早盛放的树花之一,温柔缱绻,可惜花期仅短短几日。

而这流逝的美,可以在湘西南重温——芷江侗族自治县西晃山上,五郎溪国有林场数百亩樱花进入4月份才迟迟盛开,真正是"山深未必得春迟,处处山樱花压枝"。

只因这里江河汇聚、大山阻隔,一年中半数时间在云雾间忽隐忽现、幻若虚境,形成了有别于外界的"小气候"。因此,多种野樱推迟开放,给了世间一个重温"流逝"之美的奇迹。

【小名片】五郎溪国有林场,位于芷江侗族自治县,最高海拔1 405米,分布有大面积的天然亚热带原生阔叶林,野生动植物物种丰富,包括28种列入国际公约保护植物名录《濒危野生动植物种国际贸易公约》(CITES)附录Ⅱ的兰科植物,林麝、云豹等国家一级保护动物。

【文】彭雅惠
【图】郑春秋、钟波

清明
QINGMING

壶瓶山国家级自然保护区野生珙桐花绽放

——1000万年前的孑遗植物，幸存在湖南山野，
每年依时从古老枝头释放一群"白鸽"。

【图】曹基武

盛大春日，
林场寻花
②

况是清明好天气，
不妨游衍莫忘归

——宋·程颢

每一次呼吸，都是心肺沐浴

◎回峰国有林场

令人记忆深刻的芬芳，足以照亮整个春天。

○ ● ○

【小名片】回峰国有林场，位于永州市南部回龙圩管理区内，最高海拔1 000米，属南亚热带季风性湿润气候区，气候温和，日照充足，四季分明，全年无霜期长达320天，林木以松、杉、柑橘等经济林为主，林场分类属以保护为主的生态公益型林场。

【文】彭雅惠
【图】回峰国有林场

"我吃果子，只是为了跟花有点联系"，这是诗人的境界；看见花朵，便憧憬果实的甘甜，这大概算俗人的幸福。

在永州湘桂边陲南部回龙圩镇，回峰国有林场万亩柑橘林开花了，清香流动于林间、充盈于山野，叫人不由自主想起"迥峰蜜柑"的清甜。

"迥峰"即回峰，据说因镇上山地呈龙形，过去曾形成圩场，故名"回龙圩"。回峰国有林场位于镇上海拔最高的山头，尤其适合培育柑橘。多年来，林场培育经营的"迥峰蜜柑"种类包括蜜柑、沃柑、W默科特、脐橙、砂糖橘等。据说，"迥峰蜜柑"果肉细嫩，甜度甚至超过14%，比荔枝含糖量还高。

4月中旬，山风暖意更盛，终于催动柑橘树接了樱、桃、杏、李等的场，从清明时节开始日放花千树，不同种类橘树分批次接连开花，花期悠长，花香悠长。

此时前往回峰国有林场，花未见，香已闻。从山脚到山腰，墨绿的橘树枝头点缀满细碎的白色小花，每一朵花本身并无过人姿色，但数以亿计的小花密密匝匝从枝叶间露头，颇有星汉灿烂的光彩，最妙的是，身处其中，每呼吸一口都是心肺沐浴。

这种最令人记忆深刻的芳香，足以照亮整个春天。

不打扰是对她最好的温柔

◎西山国有林场

不被打扰是"小黄花"的世间美好。

○ ● ○

【小名片】西山国有林场，位于临武县西南，林地面积17.81万亩，有珍贵的大黄花虾脊兰野生分布于海拔500~1500米的山地林下。

【文】刘奕楠
【图】李党仁

2011年春天，中南林业科技大学在西山国有林场调研时，无意中发现了大黄花虾脊兰。花儿像一只只金黄色的小鸽子，十分讨喜。这一次人们只找到了20余株。

大黄花虾脊兰属极度濒危野生植物，由于其种子有胚率极低，再加上自然界为其传粉的昆虫缺失，这种珍贵兰花的生存状况堪忧。

西山国有林场"低调处理"：不声张，不挂牌，到了花季，把靠近路边生长的花朵掩藏起来，以防游人采摘。

十年后，西山国有林场的大黄花虾脊兰已经发展到上百株，遇春而发，无拘无束、自由自在地在林间享受阳光雨露。

湖南的顶级"花地毯"

◎蓝山浆洞国有林场

返景入山林，尽照青苔上。

○ ● ○

蓝山浆洞国有林场所在山头被当地人称为云冰山，海拔1 400余米，山势陡峭、土层稀薄，是整个五岭最矮的一个垭口。冷暖空气常在此处交汇争锋，因此，山头晴雨反复交替带来了几乎散不开的云雾，气温也比同纬度地区平均气温低6℃~7℃。

这种"阴晴不定，冷暖不匀，云遮雾绕"不利于乔木生长，却是苔藓最舒适的生境。

【小名片】蓝山浆洞国有林场，位于蓝山县东南部，拥有约400亩高山苔藓群，为湘南地区最大高山苔藓群，具有较高的科考和观赏价值。

【文】彭雅惠
【图】洪俊里

于是，400多亩天然高山苔藓群落在此天生天长。

晚春时节，苔藓群落里的杜鹃花、黄精等进入花期，红、粉、黄、白的花朵星星点点，"绿地毯"变成"花地毯"，青翠欲滴与五彩缤纷相映照更见生趣，观者无不眼前一亮。

空谷幽兰，与世无争

○炎陵县大院国有林场

芝兰生于幽林，不以无人而不芳。

○ ● ○

【小名片】炎陵县大院国有林场，地
处炎陵县东部，属罗霄山脉中段，林场
所在地为中高山，地势由东南向西北倾
斜，平均海拔1350米。

【文】刘奕楠
【图】卢姣梅

每年4-6月，炎陵县大院国有林场里会悄无声息地绽放一种淡紫色的兰花，其他地方很难遇到。

它叫作独蒜兰。国家二级保护植物，已被列入濒危物种。

所谓"独"，就是花葶长出后，顶部仅一朵花，而且开花时，花朵的旁边只长出一片叶子，因而又被称为"一叶兰"；所谓"蒜"，则因为它形如蒜头的假鳞茎。

独蒜兰是附生或半附生植物，在其他植物上找一个着生地点，包住不包吃，和寄主之间没有营养和水分交换。一旦独蒜兰根扎到土壤里，就不再需要寄主了。

哪个山林在呈现梵高名画？

◦毛易国有林场

借问春色在何处，漫山尽是蝴蝶舞。

○ ● ●

一场又一场盛大花事，催动着春来、春盛、春归去，鸢尾科植物会赶在春尾迎来盛放。

在湖南，最常见的鸢尾科植物是蝴蝶花，淡淡的紫色、蓝色蝴蝶花。无穷无尽的紫蓝铺满大地，这种特别的美，天才画家梵高体会到了，他绘制于普罗旺斯的花卉系列油画之一就有《鸢尾花》。油画上大片明亮的紫蓝色宁静地释放春的气息。

【小名片】毛易国有林场，地处冷水江市紫云峰国家森林公园，总面积约1 000公顷，是娄底市唯一的"湖南省生态文明教育基地"。

【文】彭雅惠
【图】毛易国有林场

晚春的毛易国有林场，有大片紫蝴蝶、蓝蝴蝶随着脚步一路铺开。午后的阳光穿透乔木枝叶，星光般洒在紫蓝花海，直教人心绪平和，瞬生岁月静好之念。

凤凰古城，一朵美花

◎南华山国有林场

一树灰楸花落半，谁堪拾取免成尘？

○ ● ○

【小名片】南华山国有林场，位于凤凰县，分为南华山片和九重岩片。南华山片位于凤凰县沱江镇境内，紧依凤凰古城，林场内分布有国家一级重点保护植物4种、二级重点保护植物11种。

【文】刘奕楠
【图】南华山国有林场

　　沱江、吊脚楼、小酒馆……凤凰古城有无数个吸引人来的理由，而春天来的人又一定会被灰楸吸引。

　　沱江江畔有南华山林场，4月初灰楸在林场中默默开出一簇簇粉白花朵。江风吹落一朵，拾起细细把玩，能看到花冠内面有两片较宽的、不太规则的橙色大斑块及紫色斑点。

　　灰楸具有极高的药用价值。树皮、根、叶和果实均可入药，有收敛止血、祛湿止痛之效。

大森林，小草花

◎雪峰山国有林场
一夜林中开似雪，清香自是药中珍。

○ ● ○

【小名片】雪峰山国有林场，位于雪峰山脉主峰地带，属中亚热带季风性湿润气候区，但由于处于高山地带，全年日照偏少，霜期长，多雨多雾，具有"冬冷夏凉、冬干夏湿"的特点，是医药界公认的一座天然医药库。

【文】刘奕楠
【图】刘修霆

雪峰山国有林场落差较大，相对高差780米，因此，春季赏花期能长达两三个月。

在乔灌木开出的一片姹紫嫣红底下，从3月下旬开始就有小小草花成片蔓延开来。血水草白色花瓣拱卫着一簇金黄色的花蕊，典雅又端庄。

由于小草花体内有红色汁液，人们就帮它取名"血水草"。名字可怕，却全草有益，传统中医常用血水草治劳伤咳嗽、跌打损伤、毒蛇咬伤、便血、痢疾等症。

谷雨
GUYU

湖南烈士公园"蔷薇花墙"

——每一场春风化雨，都会让纤美的蔷薇带着
晶莹泪珠，浅笑嫣然，楚楚动人。

【图】田 超

盛大春日，
林场寻花③

牡丹破萼樱桃熟，
未许飞花减却春。

——宋·范成大

全国最美花海，必须一看

○大围山国有林场

染透群山的热辣，藏着无拘无束的灵魂。

○ ● ○

【小名片】大围山国有林场，位于浏阳市东北部，建于1958年，林场总面积6.23万亩，森林覆盖率99.6%，最高峰1 607.9米。林场内有保存完好的冰川地质遗迹，水资源丰富，长沙饮用水源株树桥水库水源于此，每天为长沙居民提供90万立方米饮用水。

林场内物种丰富，已查明植物有10个植被型、34个主要群系，高等植物有1 856种，包括红豆杉、钟萼木、银杏等61种重点保护野生植物；动物有1 033种，包括白颈长尾雉、云豹、大鲵、白鹇等26种国家重点保护野生动物，其中，已记录鸟类数量占全省鸟类总数的32.6%。

【文】彭雅惠
【图】李立

不去看看大围山映山红花海，如何能领略"怒放"的美与力？

晚春时节，浏阳大围山国有林场万亩映山红迎风怒放，鬼斧神工的冰川遗迹染透胭脂，漫山红遍，说不尽的美艳、热辣，凭谁看见都能感受到巨大的视觉冲击。

大围山，是罗霄山支脉，因层峦叠嶂盘绕300余里（1里=0.5千米）而得名。大围山国有林场占据大山最精华的部分，内有大围山主峰七星峰，为湘东第一高峰，深沟险壑纵横，山势复杂，落差极大。进入林场，一路可见清泉穿插走涧、瀑布琼台泻玉，海拔较高处，云拂松涛、雾绕翠岗。据说，这里负氧离子含量极高，是天然氧吧，也是度假胜地。

杜鹃花，是大围山最著名的山花，形成了中国四大杜鹃花海之一。

海拔1 500~1 600米的山顶上，一望无际的大红野杜鹃铺满山野，蔚为壮观，形成了我国面积最大的高山野生映山红花海。2018年"中国森林旅游节"上，这片映山红花海被评选为"最美花海"。

一场特殊的缘分，等待遇见

○汝城县大坪国有林场

山野一抹亮色，有缘人的惊喜。

○ ● ○

【小名片】汝城县大坪国有林场，位于郴州市汝城县东南部，地处南岭山脉中段与罗霄山脉南端相接的华南中山地带，林场最高海拔1 403.6米，属常绿阔叶混交林区，据记载主要乔灌木有83科677种。

【文】彭雅惠
【图】大坪国有林场

特殊的缘分，才能在特殊的时间、地点遇见。遇见人是这样，遇见花也是这样。

每年春天，汝城县大坪国有林场的崇山峻岭间，有一场特殊的缘分——难得一见的"植物界活化石"龙虾花悄然盛放，静待遇见。

大坪国有林场至今部分保留着天然林完好的生态群落，漫无边际的深碧浅绿中藏着一种非常妍丽醒目的花，以彼此疏离的姿态成片出现。花朵不大，分红、白、黄、紫四种不同的颜色，每一朵都形似龙虾，而且悬吊在叶子下面，花柄像一根青丝线，微风中花儿颤动，乍看如同活虾在蹦跳。

这种奇形怪状的花，实际上就叫作"龙虾花"，属于凤仙花属，是世界上现存最古老的开花植物之一，被称为"植物活化石"。

龙虾花对生长环境要求十分苛刻，现在它们只生长在海拔500~1 200米温暖湿润、水质无污染的山野。有龙虾花生长，即可证明当地生态环境相当不错！

晚春的山林，生趣正浓。鲜艳的龙虾花藏在无尽绿意中，不是有缘人可找不到它们。

一年两轮绽放，只为等待你经过

◎五星岭国有林场

红色是持续的爱，白色是善良，黄色是每日的问候……

○ ● ○

【小名片】五星岭国有林场，地处双牌县，以中低山地为主，春季雨多而集中，夏季酷热干旱，秋季温和凉爽，冬季干冷少雪。

【文】刘奕楠
【图】五星岭国有林场

有一个很火的视频——在砖头缝、墙角根撒一把种子，就能开出五彩缤纷的花；在院子里空地撒上一把种子，几个月后长成小花园。

如此"神奇"的种子到底开出什么花？是百日菊，它拥有广为人知的顽强的生命力。

春夏之交的五星岭国有林场，成片百日菊展现出最热烈欢迎的风貌，邀请游人感受色彩的冲击。洋红色代表持续的爱，绯红色代表恒久不变，白色代表善良，黄色是每日的问候……

百日菊在春秋两季绽放，第一朵花开后，侧枝的花一朵比一朵高，因此又得了"步步高"的美誉。

浓情热意，艳色晚春

○白马山国有林场

把山藏进云霞，将爱热烈释放。

○ ● ○

【小名片】白马山国有林场，位于
邵阳市隆回县西北部，属雪峰山脉
的中山地貌，最高海拔1 780米，最
低海拔1 300米，场内以山地黄棕壤
为主，生活有多种珍贵动植物。

【文】彭雅惠
【图】白马山国有林场

　　无余力挥霍的生命，需要更加浓烈的表达，成熟的爱情如此，晚
开的春花亦如此。

　　在隆回县西北的白马山国有林场，芝樱花抓住春的尾巴开成花
海，灿若云霞，把一座大山都藏进云霞里。

　　芝樱花不是樱花，其花朵形似樱花，却如矮草一样在地上匍匐，
可开出红色、淡紫色、桃红色、白色、鹅黄色的小花，花朵连成片，
望之如五彩斑斓的画卷。明清时期，芝樱花已常用于园林景观和居
室美化，人们称之为"福禄考""洋梅花"，现在在植物学中的"大
名"叫作"针叶天蓝绣球"。

开出满山"女儿娇"

◎中都国有林场

落尽千花飞尽絮,留住春天"女儿心"。

○ ● ●

【小名片】中都国有林场,位于溆浦、新化、隆回三地交界处,最低海拔离于1 000米,最高海拔1 598米,场内以天然阔叶树种为主,是旅游观光、生态康养的极佳去处。

【文】彭雅惠　【图】中都国有林场

谷雨是春留给人们最后的惊鸿一瞥。在这个是春又似夏的节气里,"国色"牡丹盛放了,"花开动全城"的声势独一无二。在溆浦县的中都国有林场,也有一种"牡丹"开放,却开得安静隐秘,清新喜人。

密林下、流水旁,一串串浅绿色花朵挂坠着,错落有致,袅袅婷婷,状如迷你鱼尾裙,一见就让人联想起小女儿娇态。这就是大花荷包牡丹。

虽然都叫牡丹,都在谷雨开始盛放,大花荷包牡丹与"国色"牡丹却毫无亲缘关系。这是一种罂粟科黄药属的草花,并不具有雍容华贵的形态与气质,而胜在清新脱俗。

找到它，就找到了过去的时光

◎中南林业科技大学芦头实验林场

揭开远古痕迹，回望生命源起。

○ ● ○

【小名片】中南林业科技大学芦头实验林场，位于平江县加义镇，湘鄂赣三省交界的位置为物种保存创造了得天独厚的条件，场内动植物物种丰富，堪称动植物的"天然基因库"。

【文】彭雅惠　【图】邹全爱

从远古走来的孑遗物种，是穿梭时光窥探生命演化的"关键物"。2017年，植物学家们在中南林业科技大学芦头实验林场偶然发现"冰川元老"穗花杉，震动学界。

穗花杉是我国特有珍稀濒危植物，因雄花为很长的穗状花序而得名。它起源于距今1.4亿年的晚白垩纪，是第四纪大陆冰川侵袭后残留下的古老孑遗植物，因此有"冰川元老"之称。

在芦头实验林场一片200平方米的原始森林内，分布着大大小小32株穗花杉，其中最大的穗花杉胸径近22厘米，高约10米，树龄估计在400年以上。

062

这些紫色的花值得一看

○月岩国有林场

春天，神秘的紫色流淌在山林里。

○ ● ○

【小名片】月岩国有林场，位于道县西部，境内最高山峰韭菜岭海拔2 009.3米，为湖南省第二高峰，2006年被《地理》杂志评选为"全国十大非著名山峰之首"。园内生态系统保护完好，珍稀动植物资源十分丰富。

【文】刘奕楠
【图】月岩国有林场

月岩国有林场的陡峭令人望而生畏，但每至晚春，各种紫色的野花开遍山野，总能勾起游人征服它的欲望。

云锦杜鹃的紫色让人感到神秘，如紫色云霞，似紫烟升腾；大旗瓣凤仙花的紫色最有趣，其花头、翅、尾、足俱翘然如凤状，花瓣粉紫，其中肾形的为"旗瓣"；绽放星星点点紫色的还有蚂蝗七，长有苔藓的石头上，两三朵成一束，生着短短茸毛，抚摸起来很特别……

在这个春天，走一遍月岩国有林场，看完所有的紫色。

立夏
LIXIA

酢浆草

——光热在北半球迅速聚集，酢浆草伸着懒腰。
密林间，筛下无数的光斑，灿烂到让她们睁不开眼睛。
哦，缘是夏天到了。

【图】胡盼盼

神秘生命，
静默如谜。

绿槐高柳咽新蝉。
薰风初入弦。

——宋·苏轼

湖南为何收集全世界油茶

○国家油茶种质资源库

世界上，到底有多少种油茶？

○ ● ○

【小名片】国家油茶种质资源库，是在20世纪80年代初期湖南省林业科学院油茶优树收集圃的基础上，经过四代油茶科研工作者的共同努力逐步建设发展起来，2012年成为国家油茶工程技术研究中心的核心育种基地，目前已成为集油茶种质资源收集保存与评价、新品种创制、良种繁育、园艺化栽培、油茶资源利用等技术成果中试、孵化和转化以及科普宣传为一体的集成示范基地。

【文】彭雅惠
【图】陈永忠　陈隆升

世界上，到底有多少种油茶？去长沙天际岭的国家油茶种质资源库数一数，能知道个大概。

走进国家油茶种质资源库，500多亩油茶树在山头铺开。现在正是幼果生长时节，这许多的油茶树结出了各自不同的果子，有褐色、红色、青色、青黄、黄色……最小的一种果仅龙眼大小，最大的一种果重约1千克。别以为大果能"碾压"小果，龙眼般的小果皮薄、含油量高。1千克的大果却皮厚、油少，在研究者眼中，它们都是宝贝。

据说，全世界已知油茶品种，90%都已经收集到国家油茶种质资源库中，一共有56个油茶近缘种，2 500余份资源。

为了收集全世界不同的油茶遗传资源，从20世纪80年代开始，研究人员连续不断跋山涉水。在一次调查中，研究人员偶然发现一株雄性不育系油茶，因基因突变雄蕊发育异常，成为珍贵的育种资源。

这一罕见遗传资源的发现，破解了油茶杂交育种的许多难题。研究人员利用其培育茶油杂交品种，从101个组合中选育出10个优良组合，油茶产油量提高5倍。

国家油茶种质资源库建立至今，不断对油茶良种、山茶物种种质、杂交子代、优树、优株、优良家系进行优良遗传性状分析，培育出享誉全国的"湘林"油茶良种，综合性能优越的油茶新品种8个、茶花新品种7个。

木中"活文物"，堪比"植物界熊猫"

◎南岳树木园绒毛皂荚省级林木种质资源库

跨越过古冰川运动，愿抵得过岁月漫长。

○●○

【小名片】南岳树木园绒毛皂荚省级林木种质资源库，位于南岳树木园内，是绒毛皂荚原地保存和异地保存相结合的种质资源库。原地保存区包括以绒毛皂荚为组成部分的阔叶林群落保护区和以野生单株为对象的3处保护点；异地保存区分别位于园内的高家坪、广济寺和桎木潭，已异地保存人工繁育绒毛皂荚960株。

【文】胡盼盼
【图】旷柏根

"小小的叶子一串串，一层层，长得密密麻麻，结成了一顶巨大的绿色的帐篷……"小学语文课本里《高大的皂荚树》，我们再熟悉不过。皂荚树是一种常见的树木，在我国分布广泛，但绒毛皂荚却十分稀有，是古树中的"活文物"。

绒毛皂荚在第四纪冰川运动之前就已经存在，但直至1954年才被在南岳广济寺实习的湖南师范学院师生首次发现，被评为中国十大珍稀濒危树种之一。目前，南岳树木园绒毛皂荚省级林木种质资源库共发现和保存全球唯一自然分布的绒毛皂荚9株。

为什么绒毛皂荚如此稀少？绒毛皂荚是雌雄异株植物，荚果成熟后难以开裂，种子发芽率很低，在自然状态下更新能力很弱，加上过去人们频繁砍伐，使绒毛皂荚在野外临近灭绝状态。

　　为加强保护，2019年南岳树木园绒毛皂荚林木种质资源库被湖南省林业局确定为第一批省级林木种质资源库，通过原地保存让野生种群的数量扩大，同时促进该物种的异地保存，让绒毛皂荚野生种群和参与组成的群落得以更好地延续。

不管走到世界哪个角落
它的故乡在湖南

◎红花檵木国家林木种质资源库

一株红花檵木，收纳万紫千红。

○ ● ○

【小名片】红花檵木国家林木种质资源收集库，位于湖南省林业种苗繁育示范中心内，已建成了全国红花檵木种质资源数量最多、面积最大、品种最齐全的国家级林木种质资源库。

【文】胡盼盼　【图】熊利

红花檵木，如同孟夏的一把火，点亮山林和街头。

1938年春天，著名林学家叶培忠教授在长沙天心公园，发现了这种"新奇"植物，并为其鉴定命名。20世纪80年代开始，浏阳农民利用当地红花檵木野生资源，开始培育扦插苗、灌木球、盆景及古桩嫁接树等系列产品，出口诸多国家和地区。

凭借丰富的红花檵木资源优势，1999年浏阳市被授予"中国红花檵木之乡"。2003年红花檵木种质资源库落户湖南浏阳，2016年升级为国家林木种质资源库。湖南，也成为红花檵木的中心产区。

一半海水，一半火焰

◎湖南省植物园杜鹃、樱花国家林木种质资源库

生命的接续，最美在交融。

○ ● ○

【小名片】湖南省植物园杜鹃、樱花国家林木种质资源库，已收集保存樱花种质资源20种100余个品种，收集保存杜鹃153种(含品种)，是目前中亚热带收集樱花、杜鹃种质资源最多的国家林木种质资源库。

【文】彭雅惠　【图】吴思政

春夏交替完成时，湖南省植物园正式结束了一场"水"与"火"的碰撞交融。

早春伊始，樱花成海。100多种樱花次第开且落，让整个春天温柔如水。樱花落到末尾，遇上153种杜鹃入花期，怒放如火如焰。

从1985年日本滋贺县赠送"染井吉野樱"后，湖南植物学家踏遍三湘四水、远赴全国各地，陆续收集百余种樱花资源移植到省植物园中。

从2001年开始，湖南植物学家又系统考察和引种收集了9省市20余地杜鹃属植物种质资源，也移植到省植物园。

如今，省植物园的樱花与杜鹃，正是少壮年华，生命蓬勃，花开尤美。

石头缝里，开出人间仙境

◦湘西土家族苗族自治州油桐国家林木种质资源库
看不厌的世间繁华，数不尽的背后辛酸。

○ ● ○

【小名片】湘西土家族苗族自治州油桐国家林木种质资源库，位于湘西土家族苗族自治州永顺县青坪镇，凭收集保存油桐种质资源317个品系，被称为我国品种（系）收集最多的油桐种质资源保存库。

【文】胡盼盼　　【图】米小琴

每年清明后，青坪镇茅山坡绽放千亩油桐花，宛若人间仙境。

20世纪60年代初，在林业部门的支持下，下乡知青和中南林业科技大学师生选用126种乡土树种和10余种外来树种在茅山坡展开造林试验。油桐生命力强，不但可以保持水土，果实还可以榨油，经济价值可观，很快在造林试验中脱颖而出。

之后，科研人员赴贵州、重庆、广西、湖北等多个省市区进行调研，不断收集油桐良种资源，在茅山坡移植培育。数十年建设，终将茅山坡建成了国内高标准的油桐种质资源保存库。

藏在深山人未知

◎青冈、锥栗国家林木种质资源库

大自然的宝贝，也会深藏不露。

○ ● ○

【小名片】青冈、锥栗国家林木种质资源库，位于平江境内，集珍贵硬木和特色经济林树种保护于一体，已收集保存青冈种质资源10种，收集保存锥栗新品种8个，是目前青冈、锥栗种质资源最多的国家林木种质资源库。

【文】彭雅惠　【图】李志强

　　青冈是珍贵的硬木资源，20世纪，科研人员在国有平江县芦头林场发现了湖南密度最大的青冈群落，因此开始在此展开优良树种选育和培植。

　　全世界百余种青冈属植物种子都不易萌发，且分布偏远、零散。科研团队寻遍武陵山脉、罗霄山脉无人区，却在收集青冈树种进程中，意外发现大量不同品种的野生锥栗，湖南竟是南方"木本粮食"锥栗的分布中心。

　　经过十年收集、研究，芦头林场一片海拔抬升很快的山林逐渐形成青冈、锥栗国家林木种质资源库。

拯救"地球之肾"

○沅江市湿地植物国家林木种质资源库
波光里的艳影，在人们心头荡漾。

○●○

　　初夏的柔波里，有无数水草荡漾；水面之上草木葱茏，目之所及皆郁郁青青。南洞庭湖湿地的沅江市湿地植物国家林木种质资源库进入一年最繁盛时期。

　　湿地从陆地至水底，依次分布着森林、柳蒿灌丛、薹草草甸、挺水植物、浮叶植物、沉水植物，共同组成环带状生态系统，为虫鱼鸟

【小名片】沅江市湿地植物国家林木种质资源库，已保存"三杉"等湿地陆生树种种质资源1 000多份、湿地水生植物种质资源80余份，规划建成集湿地植物收集、保存、繁育和推广试验于一体的基地。

【文】彭雅惠　　【图】陈建军

兽提供丰富的食物和良好的生存空间。

打造稳固湿地生态安全屏障，沅江市林科所从2016年开始建设湿地植物种质资源库，全方位收集适合在亚热带湿地生长的植被种质资源，为修复"地球之肾"提供支撑。

小满
XIAOMAN

木槿

——穿着青衫走过，一场突如其来的雷阵雨，
　　打湿了我粉色的面颊。
　　这匆忙中不加修饰的美好，像极了刚走过的青春。

【图】胡盼盼

大自然的宝贝

长是江南逢此日，
满林烟雨熟枇杷。

——明·李昌祺

当"孤独者"遇见"孤独者"

○榧树、鹅掌楸省级林木种质资源库

作为树的形象和你站在一起，仿佛永远分离，却又终身相依。

○ ● ○

　　全球最昂贵坚果，香榧果绝对排得上名，它们可是被称为坚果中的"爱马仕"。

　　香榧果为什么昂贵？因为结出它们的榧树非同一般，是和恐龙同时代生存过的植物，属于珍贵的孑遗植物。一株榧树得生长30~50年

【小名片】榧树、鹅掌楸省级林木种质资源库，位于宁乡市黄材镇青羊湖国有林场，已收集榧树、鹅掌楸及其近缘种包括种源、品种在内的种质资源25份，依托资源库，科研人员通过嫁接技术将榧树结实时间缩短到12年。

【文】彭雅惠　　【图】杨俊杰

才能开始结果，每一颗香榧果至少需要18个月才能成熟。

有研究认为，殷商末期，当时的皇家贵族携榧树种子到湖南宁乡黄材镇月山村一带栽植，形成了至今仍在繁衍传承的香榧古树群，建档百年以上榧树达771棵，十分罕见。用好这份老祖宗留下的"家底"，黄材镇的青羊湖国有林场创建了榧树种质资源库，计划用中国香榧古树与全球其他榧属植物择优杂交，培育出优良新品种，改善榧树繁衍不易的"先天不足"，进一步提升其经济价值。

引种过程中，植物学家们发现，榧树自然繁殖并不容易，种子发芽率不足10%，即使成功萌芽，幼树前5年对温度、湿度、光照等环境要求也非常严苛，需要在能满足其全部要求的大树下生长，即使"自家树"——成熟榧树也不能满足幼树要求。

无巧不成书。在月山村的山野，还生长着另一种孑遗植物、国家二级重点保护野生植物——鹅掌楸。它们是地球上最早的被子植物之一，现在仅在中国和北美分别遗留下两个种。

这种落叶乔木易生易长，树干笔直高大，因此，春夏能替榧树幼苗适当遮挡雨水和阳光，秋冬又毫不妨碍它们充分吸收雨露阳光；没有旁逸斜出的枝丫，也就不会对不断长高长壮的榧树造成妨碍。

当"孤独者"遇见"孤独者"，竟组成了极其和谐的组合。

目前，青羊湖国有林场在完成全省榧树、鹅掌楸天然资源调查的基础上正式建立榧树、鹅掌楸省级林木种质资源库，同时为两大珍贵树种选育优良品种，并对它们古老的基因展开系统研究。

留住"林海里的珍珠"

○银杉省级林木种质资源库

神秘生命，静默如谜。

○●○

【小名片】银杉省级林木种质资源库，位于邵阳市新宁县崀山珍稀植物研究所，收集培育珍稀树种85科650余种，其中，在培育银杉树种方面独具特色，营造了全国面积最大、株数最多、海拔最低的银杉人工林2公顷共8 000余株，在银杉繁育及返迁方面的研究已走在世界最前列。

【文】彭雅惠　【图】黎恢安

小满的阳光有点暖，风也有点暖，新宁县崀山上，有一大片树林在阳光与风中银光闪耀。这里，是崀山珍稀植物研究所银杉省级林木种质资源库，闪耀银光的是银杉的叶片。

银杉是植物学界公认的全球最珍贵植物之一。其线性叶片在小枝上紧密排列，叶片正面碧绿，背面却天生有两条银白色气孔带，在光照下闪闪发亮，因而被命名银杉，也因此获得"林海里的珍珠"美称。

然而，作为子遗物种的银杉，出奇"娇气"，结实率低、扦插繁殖难生根、需要特定土壤和伴生树……

湖南崀山珍稀植物研究所通过模拟崀山原始森林中银杉生境，摸索出一种配比适宜的菌根土，找到了银杉"喜欢"的伴生树种，几十年来营造出全国面积最大、株数最多、海拔最低的银杉人工林，在银杉繁育及返迁方面的研究走在世界最前列。

但等待银杉的种子、球果等种质资源，是非常碰运气的事。比如，为了得到资兴脚盆寮的银杉种子，研究者已经等待了4年。

传说中的"黑老虎"，美容又养生

◎湖南环境生物职业技术学院黑老虎省级林木种质资源库

外表独特，内涵丰富。

○ ● ○

【小名片】湖南环境生物职业技术学院黑老虎省级林木种质资源库，共收集包括本省在内的7个省区市野生黑老虎种质资源近200份，用于生产科研与产业化。

【文】胡盼盼　【图】梁忠厚

此黑老虎，非威震山林的山中大王。在湖南，有一种水果叫黑老虎，不但有着可人的颜值，还有极高的美容养生功效。

它们看起来像一个球形的菠萝，又像一颗巨大的荔枝。幼果青绿色，熟果深红色，色艳如花。剥开红色的皮，露出乳白细腻的果肉，香甜可口。

黑老虎全身都是宝。它的根、茎、叶和果实都能入药，有清热解毒、祛风活络、清肝明目等功效。2016年，湖南省林业局在湖南环境生物职业技术学院设立了"湖南省林下经济科研示范基地"，种植黑老虎等林下经济中药材300余种。

美艳无比的"罕见变异种"

◎大花红山茶省级林木种质资源库

与众不同，常常是因为天生不同。

○ ● ○

【小名片】大花红山茶省级林木种质资源库，位于怀化市中坡国家森林公园内，收集山茶种质80余种8 000多株，其中，驯化栽培大花红山茶4 000多株，营造了全国面积最大、株数最多的大花红山茶林。

【文】彭雅惠　　【图】王耀辉

神秘自然，至今有许多未解之谜。比如在湘西南的雪峰山，存在许多罕见的生物现象，科技工作者曾在此发现了198种植物优良变异材料。大花红山茶就是这些罕见变异种中一员。

这种山茶的染色体数有120条，是山茶属植物染色体基数的8倍。一般来说，自然界中的野生种大多是二倍体或四倍体，八倍体非常罕见，大花红山茶也因此在个头等各方面都呈现出更多优越性。

怀化市林业科学研究所由此创建其种质资源库，一方面是趁早保护罕见种质资源，另一方面是利用优良变异种培育山茶新品种。

家有考生，种下此树愿一"榉"成名

◎桑植县两河口国有苗圃大叶榉种质资源库
从内至外散发的美，凝成从古至今的珍贵。

○ ● ○

【小名片】桑植县两河口国有苗圃大叶榉省级林木种质资源库，收集保存包括种源、家系、优树无性系在内的大叶榉种质资源174份，共种植大叶榉6 000余株，2019年被湖南省林业局确定为第一批省级林木种质资源库。

【文】胡盼盼　【图】向恩波

大叶榉是榉树的一种，因"榉"与"举"同音，有一"榉"成名的美好寓意。

大叶榉各方面价值较高，是国家二级保护植物。但大叶榉不仅天然资源数量少，而且种群逐渐退化，天然更新能力比较弱。以前，不少大叶榉人工林造林苗木为未经选育的实生苗，遗传品质参差不齐，严重影响了大叶榉的开发利用和产业化经营。

鉴于此，有较好榉树资源的湖南省于2011年开始建设桑植县两河口国有苗圃大叶榉种质资源库。研究人员从全国多地搜集、引进和保留大叶榉种质资源，主攻嫁接技术，选育大叶榉良种营建种子园。

"君子"居然有这么多副面孔

○竹类省级林木种质资源库

风摇青玉枝，依依似君子。

○●○

【小名片】竹类省级林木种质资源库，位于益阳市高新区，已收集和保存竹类种质资源共29属519种，占全国竹种的51%。2009年被科技部授为"竹类种质资源保存库"。

【文】彭雅惠　　【图】肖志宏

　　宁可食无肉，不可居无竹。大文豪苏轼真该来湖南长住，毕竟湖南竹林面积超过1 639万亩，居全国第二位。

　　在益阳市高新区北峰山，有一片不一般的竹林。林中竹子外形、色彩并不常见，很多竹子甚至从未见过。比如有金黄竹皮上均匀分布绿色条纹的竹子，有主干盘曲转折的竹子，有竹节膨大圆润的竹子……

　　这的确不是普通竹林，而是益阳市林业科学研究所花了46年，建设的竹类省级林木种质资源库，集中培育了300多种竹子，其中不乏罕见、珍贵的竹木品种，包括竹节如金元宝的新型观赏竹。

树界"硬汉"，百年不朽

○汨罗市玉池国有林场赤皮青冈省级林木种质资源库

岁月划下嶙峋痕迹，时光却在硬核里停留。

○ ● ○

在汨罗市玉池国有林场，成片的赤皮青冈树群郁郁葱葱，嶙峋树皮爬满时间的痕迹。这种外形沧桑的树抗虫蛀蚀、遇火难燃、耐湿不腐，是江南四大名木之一。

由于分布偏远、零散，且种子不易萌发，赤皮青冈成片的天然林极为罕见。2011年起，中南林业科技大学在湖南、福建、浙江、江西、广东等地，收集了多个不同种源的赤皮青冈种质资源，在玉池国有林场营造试验林，建设赤皮青冈林木种质资源库。

目前，科研团队已在赤皮青冈种质资源遗传结构分析、优良种源选择与新品系培育等方面取得丰硕成果。

【小名片】汨罗市玉池国有林场赤皮青冈省级林木种质资源库，收集保存湖南、福建、浙江、江西、广东等地包括种源、家系在内的赤皮青冈种质资源70份。

【文】胡盼盼
【图】霍坤

芒种
MANG ZHONG

祁阳三圣湖

湖边的夏夜宁静而凉爽，低头是碧水，抬头
是繁星；到了白天，湖上水波粼粼、山岚飘荡，
别有韵致。

炎炎夏日，
别有洞天。

水国芒种后，
梅天风雨凉

——唐·窦常

步入洞中，一步踏进春天

◎梅山龙宫

不知洞中宫阙，今夕是何年。

○ ● ○

　　一步入洞，就能从夏入春。这说的不是时空隧道，是新化的梅山龙宫。

　　传说中，黄帝时期有九条龙游入资水，随水过梅山，发现巨洞灵气充沛，便盘桓逗留千年。从此以后，人们将留住九龙的巨洞称作梅山龙宫。

　　在地质学家眼中，所谓"龙宫"实则是地表河桃溪流入雪峰山

【小名片】梅山龙宫，位于娄底市新化县资水河畔的雪峰山腹地，是一个集溶洞、峡谷、峰林、绝壁、溪河、漏斗、暗河等多种喀斯特地质地貌景观于一体的大型溶洞群，目前已探明长度2 870余米，已开发游览路线1 896米，其中包括长466米世界罕见的神秘地下河。

【文】彭雅惠　　【图】张长虹

腹地山体后形成的伏流型洞穴。这里是沉积岩的世界，分布着广泛的灰岩和白云质灰岩，而且岩层平缓，裂隙较多，正是形成洞穴的天生体。水源自西南而入，水路神秘莫测但终年不息，千秋万载洞穿整座山体，从大山东北方流出，扬长而去。

被流水洞穿的山体，形成"峡谷式层楼"洞穴系统。通俗来说，梅山龙宫实际就是地下大峡谷，在长久得不可思议的时间里，山腹中的水流无数次改道、浸入、拓展，不断改造着大峡谷的具体形态，在不同高度上贯穿出一层又一层洞穴。

当下，人们所见到的梅山龙宫是高80多米的层楼洞府——

最上层的洞顶，其上流石景观美不胜收、石钟乳千姿百态。

往下一层，溶洞内散布着大面积的古河床沙砾层沉积，形成了乳白莹润的鹅管、"雾凇"及干涸水池叠置沉积等稀有溶洞景观。

中间层是地下洞穴内部崩塌形成的残留，崩塌下来的土石堆出了举世无双的"水中金山"。

更下一层的空间里则遍布滴水形成的沉积结构，石笋、石柱丰茂如林。

最底层是地下大峡谷的底部，地下河在此时隐时现地流淌，带进外面世界的风气、带走洞里世界的信息。

光阴不停，梅山龙宫的变化还在继续。明日变化几何，在今天还是一个未知数。

黄永玉叹它"奇瑰"

◦乌龙山溶洞群

人们永远不知道，下一个奇迹是什么。

◦ ● ◦

【小名片】乌龙山溶洞群，位于湘西土家族苗族自治州龙山县乌龙山大峡谷皮渡河两岸，目前，已发现大小溶洞212个，其成因各异，景观有别，构成了千奇百怪的地下世界，其空间恢宏博大、造型精妙绝伦、场景巍峨华彩，被誉为"世界溶洞博物馆"。冬季最高温度约8℃，夏季最高温度约26℃。

【文】彭雅惠　　【图】黄标

几十年前，《乌龙山剿匪记》横空出世，成为无数人记忆中的经典。神秘的乌龙山风光随着电视剧情节的跌宕起伏深入人心，连土匪们聚居的山洞也让人印象深刻。

实际上，这些山洞的确非同一般，它们是我国最大的溶洞群，在湘西十万大山肚腹内构出庞大的地下迷宫，至今有许多未解之谜。

旧时，湘西土匪猖獗，与这里的地理特征密不可分。乌龙山夹在千座山、万重水之间，进山通道，是形成于40万年前的巨大峡谷。山脉如群虎环踞，似龙腾四海，难出也难进。

沿途可见峡谷山壁洞穴横陈，这些火岩溶洞群分布之密集、结构之复杂、造型之奇特、延展之幽深、景观之丰富，都属国内罕见。

有的一洞连通三省，洞内地下阴河、地下湖泊、地下山脉，溶隙、支洞、跌坎、盲井异常发达，规模之大全球罕见，引得欧美、日韩的洞穴探险家多次来洞探险，却至今没能探明尽头。

黄永玉到此一游后感叹："龙山二千二百洞，洞洞奇瑰不可知。"

2亿年光阴，给你别有洞天的美

◦龙泉洞景区

漫长的地下岁月，惊艳的绚丽光彩。

○ ● ○

【小名片】龙泉洞景区，位于安化云台山，是古生界石炭系灰岩经溶蚀作用而形成。拥有1河、2瀑、5潭、46个洞天、82厅堂、363处景观，已开发长度2.9千米。

【文】胡盼盼　【图】谢彬

世界上85%的冰碛岩在安化，安化云台山就是这一地貌的典型代表，龙泉洞则像一条巨龙，潜卧在云台山腹中。

乘一艘小船，在水洞里航行，曲折荡漾，奇幻异常。石钟乳、石花、石旗、石幔等在彩灯之下，五彩斑斓、光怪陆离。密密麻麻的白色空心管自洞顶向下生长，似挂在空中的鹅毛管，因此得名鹅管。它是洞顶裂隙中渗出碳酸钙水溶液形成的极薄钙膜，在国内溶洞中较为罕见。

另一端洞口，三十多米高的白瀑自上而下飞流，细小的水花飞沫扑面而来，扑出26℃的夏天。

全国最深的丹霞坦洞

◎黑坦

造物弄人，亦造福人。

○●○

大山在喊你。

路过永兴丹霞国家森林公园，便会产生这样的感觉。

湘江最长的支流耒水，在流经郴州永兴县的那一段，被称为便江。便江两岸丹山如画，奇怪的是，这群山镶嵌着各种形状的山洞，或大或小，或宽或窄，但乍一看都像大山张开了一张嘴，在喊你。

永兴人把这大山的"嘴"叫作"坦"，是便江与风联手的杰作。江水日复一日溶解和破坏了岩体，风再接再厉剥蚀岩石。

众多的坦洞中，黑坦最为雄伟，洞深120米、宽40米，是迄今为止我国发现的最大"坦"，也许算得上是大山在"狮子吼"。

【小名片】黑坦，位于永兴丹霞国家森林公园内，是一个天然形成的丹霞洞穴，形似狮子，洞深120米、宽10米，是全国最深的丹霞坦洞。

【文】彭雅惠　【图】马一鸣

"地下张家界"，你见过吗

◎桑植九天洞

地底下，另一个山川湖海。

○●○

【小名片】桑植九天洞，位于桑植县利福塔镇水洞村，总面积250多万平方米，被认为是亚洲第一大洞，洞内景观丰富，有4条暗河、5座自生桥、6座洞中山、7个小湖、9个天窗、10条瀑布、36个主体洞堂。

【文】胡盼盼　　【图】张家界茅岩河旅游开发股份有限公司

1987年，桑植农户在利福塔镇水洞村意外发现了一个巨大的地下洞穴，经专家勘探，洞穴面积相当于400个标准足球场大小，算得上"亚洲最大"的溶洞。

不同于普通洞穴内部封闭的构造，这个巨洞顶上有9个天窗与外界相通，因此得名九天洞。

当一缕缕天光从洞顶倾泻而下，它带来的除了风、光，还有不息的生命。小鸟在洞里探寻梦幻的自然世界，娃娃鱼在暗河的凉水里自由生长，甚至连人类都可以在这里居住。

初步统计，九天洞内3米以上的石柱、石峰多达3 300根，形成"地下森林"，被人称作"地下张家界"。

祖先的选择，果然不错

◎辰溪燕子洞

好景几时有，却在洞中藏。

○ ● ○

怀化辰溪县火马冲镇的山中，有一处人型溶洞，被称为"燕子洞"。奇怪的是，人们并没有发现大量燕子聚集于洞中的迹象。

探索中，人们发现洞中石壁遗存着海浪冲击的印迹，偶尔还能摸到珊瑚化石。显然，这里曾淹没在海下，远古时是一片汪洋。

时至今日，"燕子洞"中也流淌着极为丰富的水资源。洞口形若弯月，瀑布垂落，配合着天光射入，神采非凡。溶洞附近还发现了诸多古人类史前文化遗址，考古人员认为燕子洞等辰溪溶洞或许和山顶洞一样，是早期人类活动的重要场所。

【小名片】辰溪燕子洞，洞长4 000多米，洞口高50多米，蔚为壮观，洞内分布着3组规模宏大的岩溶景观，共有4万多平方米的游览面积。

【文】彭雅惠　【图】湖南省林业局

这个赏"月"地，
资深"驴友"徐霞客极力"种草"

◎道县月岩

岩立山中恒不变，月随人意自圆缺。

○ ● ○

【小名片】道县月岩，位于道县清塘镇小坪村南侧，是都庞岭下的一个大型石灰岩对穿溶洞，直径100余米，深50~80米。

【文】胡盼盼
【图】月岩国家森林公园

1637年正月，资深"驴友"徐霞客从江西武功山进入湖南茶陵县，开启了为期100多天的潇湘畅游模式，并留下了4万余字的《楚游日记》。

那年三月，徐霞客进入永州见到月岩，大赞其："永南诸岩殿景，道州月岩第一。"

道县月岩何以夺魁？大自然的鬼斧神工便是答案。道县清塘镇小坪村南侧的绿色石头大山，凭空被"挖出"一个大洞，山那边的万缕金光穿山而过，笼罩山这边的稻田。

透过洞口仰望苍穹，天空的样子随夹角而变，一弯新月、一轮满月，盈亏变化只在寸步之间。正因如此，该岩洞得名"月岩"。

夏至
XIAZHI

通道黄沙岗草场

——头顶高天淡云，脚踏如茵绿草，透过晨曦看重峦叠峰，云雾朦胧中的黄沙岗渐渐染上一片金黄。

微风绿浪，草原花香。

虽无蒸风至，微凉满芳阴。

——明朝·徐贲

幕天席地，做一场仲夏夜之梦

◎南滩国家草原自然公园

心里有一匹野马，这里有一片草原。

○ ● ○

【小名片】南滩国家草原自然公园，位于桑植县东北部边缘，草原总面积达18万亩，是湖南省三大天然草场之一。该草原属中山山原地貌，坡度平缓，集中连片，平均海拔1 200米，冬少严寒，夏少酷热。草原内地表水丰富，土壤由石灰岩发育而成，质地疏松，通透性较好，现有天然牧草102科、354种；草原上生活有野生动物95种。

该草原层次丰富，景观资源多样且风貌迥异，可分为地文景观、水域景观、生物景观、天象与气候景观、建筑景观、历史遗迹景观等，有较高的保护、旅游、科研和自然教育价值。

【文】彭雅惠　　【图】沙梅英

　　在诗意的风景里撑开一顶帐篷，幕天席地看行云流水、听花开虫鸣，自有与市井迥然异趣。

　　草原应算露营的"最佳选择"，但很少人知道，湖南草地总面积超过百万公顷，是我国南方草原面积较大的地区之一。

　　心里住着野马，家里却没有草原。仲夏的南滩草原自然公园，是个能找到真实自己的地方。

　　在湘西桑植县海拔千米的高山上，18万亩连片草山草坡连绵于起伏的群峦之上，如苍虬穿行，一望无垠。阳光笼罩下，每一片草叶都镶上细细金边，数不清的金边合成熠熠生辉的薄纱。

　　显然，这里的草场不同于北方草原的辽阔苍莽。它是跌宕的，紧贴山势变化，因此总能别开生面；它是精致的，300余种牧草分层铺开，因此总能别具细腻。

　　仲夏时分，南滩草原自然公园早成了绿色海洋，但绝不仅仅是海洋。海洋里有野花，在草浪中隐没又出现，不知和谁捉迷藏；海洋里有羊群，结队而行如珍珠撒在绒毯；海洋里有清流，40多条小溪沟和200多处天然泉眼纵横交错，润物无声。

世界那么热，谁不想贪点凉

◎临武通天山草场

猎猎风响，一眼收尽万里山川。

○ ● ○

【小名片】临武通天山草场，位于郴州市临武县东山国有林场内，现有草场面积2325.5公顷，主要分布在土壤贫瘠、生态较为脆弱的通天山区域，海拔1 200~1 600米，属山地草甸。草地上主要有杜鹃、小黄杨等灌木交错或点缀生长，草本植物多样，平均高40厘米。

【文】彭雅惠　刘思颖　【图】黄红平

据说最适宜人类居住的海拔是800~1 200米，临武县通天山草场正在这个区间。

沿着县城北部沙土公路进山，一片翠屏了无边际，传说这里是嫦娥偷吃灵药升天的山岭，因此人们称之为"通天山"。

通天与否不可得知，山路是实打实格外陡峭，只因通天山是座石头山，泥少砂石多，山峰间的每一道转折都似刀劈斧砍，最终成了纵横沟壑。山脚尚有茂密森林，随着海拔渐渐升高，植被越发低矮，山腰已多灌丛；到了海拔千米处，只有油绿的野草铺满山野，形成一块大得超乎想象的草毡，柔而韧，直铺进云里。

形似草毡的山峦，令天地更加空旷，由得山风肆意冲撞，开发风电的优势显而易见。数十架银白的高大风电机沿着山脊蜿蜒排布，望不到尽头，日夜转个不停，让人不必临风亦能感到风凉。

站在山峦的草毡，山风盈袖，暑热消散无踪，不会太冷又足够凉爽。当视野在开阔的山脊穿行，一眼可收尽万里山川，"极目楚天舒"的快感淋漓尽致。

蓝天白云，风车草地，期待着客从远方来。

南方有个"呼伦贝尔"

◎南山草原

柔软的青草抚摸你的脚踝，笑意蔓延开来。

○●○

【小名片】南山草原地处湖南省城步苗族自治县西南，总面积152平方千米，平均海拔1 760米，拥有国有草场23万亩。已开发改良人工草山10万余亩。

【文】彭可心　【图】湖南南山牧场

高山之顶，云雾之间。辽阔无边的大草原像是一块天工织就的绿色巨毯，迈步走过草地，柔软的青草轻轻抚摸着脚踝，有些微微发痒，却让人心情愉悦。

　　湘桂交界的越城岭北麓，湖南南山草原的23万亩草山延绵不绝。这里拥有中国南方最大的草原生态系统，被誉为"南方的呼伦贝尔"。你可以在这里体验帐篷露营，悠游于天地间，数着星星入眠；还能向牧民学习挤牛奶，在无边草甸尽情放风筝……

燕子山上，拥抱星辰

○江永燕子山草场

谁不想保留，最初的美貌。

○ ● ○

当苍穹染上暗紫，天地一片静谧，四面八方升腾起浓郁雾气，群山之巅唯有星辰在眼前熠熠生辉，仿佛张开双臂就能揽入一怀星光。

一切如梦似幻，发生在"天仙草原"。造物主赐予的10余个千亩以上草场，亿万年来，竟没有遭受人为破坏和改变，将大自然赋予的最初"美貌"保存至今，这在华南极其罕见。燕子山草场正是这样一位"天仙"。

燕子山海拔1562米，山上广布的草原却"草经冬不萎，花非春常开"。加上时常云雾缭绕，自然而然生出缥缈的出尘气象。

【小名片】江永燕子山草场，位于永州市江永县源口瑶族乡，属于都庞岭山脉的一部分，为原始草原，面积约10平方千米。

【文】彭雅惠　【图】李湘　刘志强

低伏的孤勇者，站上雪峰之巅

◎洪江八面山草场

最柔弱的身体，最坚强的灵魂。

○ ● ○

【小名片】洪江八面山草场，位于洪江市东南部，毗邻邵阳洞口县，总面积8 500亩，处于海拔1 400~1 930米之间，为雪峰山海拔最高的高山草甸。

【文】彭雅惠　【图】段云

即使在酷暑，雪峰山主峰苏宝顶温度也不超过18℃。在这里，自然的力量格外强大，风如脱缰野马漫卷纵横、呼啸嘶鸣。

如此强风，树木基本不可能存活。因此苏宝顶海拔1 400米以上，只有耐寒耐湿的低矮草本和灌丛，它们成为山巅的"孤勇者"。

苏宝顶的这片高山草甸被称为八面山草场。在浩荡风势中，草场一片顺从低俯，游人进入也只能任由发丝乱舞、衣袂飞扬，波浪一样互相推搡着向前。

唱一曲天空与大地的情歌

◎万洋山草原

白云翻涌，微风吹拂，难以言喻的鲜活宁静。

○ ● ○

对天空的向往指引我们抬头仰望，对白云的好奇促使我们登高望远。在湘粤赣三省交界处——湖南郴州桂东县，踏入万洋山草原，邂逅万亩云海。

盛夏的朝霞温润有力，透过层层云海，轻柔唤醒沉睡中的万洋山。

【小名片】万洋山草原位于湖南省桂东县东北部，距离桂东县城北23千米，集中连片核心区域草原面积1.2万亩，总面积达10万亩。

【文】彭可心 刘思颖
【图】桂东县自然资源局

天阔云舒，10万亩草山与0.5万亩原始森林连为一体，极为罕见的没有人为改造痕迹，呈现出浑然天成的原始风貌。

因地处湘南特色的"南风顶"气候区，这里温度适宜，云海凝而不散，风车高耸入云，演绎着天空与大地的情歌。

一片策马奔驰的草原
一次快意人生的体验

◎郴州仰天湖草场

满眼茵毡无尽碧，自在逍遥忘闲悠。

○ ● ○

【小名片】郴州仰天湖草场，高山草原面积0.85万亩，草场坡度较缓，土壤为花岗岩分化发育而成的山地草甸土，比较肥沃，草地类型为中山草甸草原。

【文】彭雅惠　　【图】肖家勇

仰天湖草场绵延在南岭山脉北麓骑田岭山系之巅，绿茵之中留存着一亿多年前第四纪冰川期的死火山口，日积月累形成20余亩自然水泊。

40平方千米的苔质台地草原绕湖起伏，狗牙根、丝茅、五节芒、谷精草、野古草、莨草、三花悬钩子等野草郁郁青青。

草场平均海拔1 314米，绿草期有7个月之久，是中国南方绿草期最长的草原。

蓝天白云之下，山风拂过，阳光洒满原野，牛马闲适安逸，好一片广阔清净的天地。

一艘"巨轮"航行在苍茫绿海中

◎龙山八面山草场

草长浓荫覆峦川，雾海霞光跃云端。

○ ● ○

八面山顶地势平坦，牧草丰茂，牛羊成群，是湖南通向渝东的一道天然屏障。

虽位于山高林密、沟壑万千的武陵山脉腹地，偏偏龙山县西南角突起一块狭长台地，四周皆是悬崖绝壁，形成"船形"山体，犹如一艘载着"空中草原"航行在苍茫绿海中的"巨轮"。

站在草原之上，大自然的温柔宁静仿佛能包容一切，轻而易举地抚慰疲惫的身心。

【小名片】龙山八面山草场位于湘西土家族苗族自治州龙山县西南角，四周都是悬崖峭壁。山顶南北长约50千米，宽10余千米，最窄地区仅3千米，是我国南方典型的中山台地。山上呈小丘陵状，地势平坦，素有"南方空中草原"美誉。

【文】彭可心　刘思颖
【图】曾祥辉　张　鹏

小暑
XIAOSHU

张家界茅岩河景区

——茅岩河在澧水上游，全长只有 50 千米，
却是澧水中最为神奇险峻的河段。

【图】李 纲 张雪琴

天长暑热，
山水清幽①

蒸风愠解引新凉，
小暑神清夏日长。

——清·乔远炳

等你5亿年

○大龙洞瀑布

长久等待，只为相逢。

○●○

热浪滚滚，正是戏水佳期。

除了泳池、溪河，瀑布更是三伏天不可错过的消暑"胜地"。

湖南的瀑布似乎没有如黄果树、庐山那般闻名古今，而实际上湘西大山里的"野生瀑布"壮美得超乎想象。

【小名片】大龙洞瀑布，位于湘西土家族苗族自治州花垣县补抽乡附近山谷，距吉首市41千米，沿矮大公路上行22千米可到达。这个瀑布之所以被称为"天下第一洞瀑"，不是因为其流量大，而是它的水源由暗河及溶洞水系组成，洞瀑出口位于绝壁500余米高的山腰，最大宽度可达到88米，出洞后声势浩大，水流落差超过200米，十分壮观。

【文】彭雅惠
【图】湘西土家族苗族自治州地质公园管理处

在湘黔渝交界处的花垣县，大龙洞风景区内有一水流，从500多米的悬崖半腰喷涌而出，形成最大宽度88米的瀑布，最大流量398米^3/秒，被赞为"天下第一洞瀑"，而当地人称之为大龙洞瀑布。

瀑布水量巨大，直坠200余米，撞击岩石和水面声如惊雷，远播数里之遥，似乎一整座山的鸟语虫鸣都被这巨大声响所淹没。

循声而行，还需步入大山深处。一路所过山石多被层层分割，毫不掩饰地彰显自然与时间的力量。专家认为，这片山体属上寒武系车夫组地质层，这一地质时期的岩土记载了地球生命演化史上最重要的一段历程。也就是说，当你偶然踏入山中，大山已经在原地等待了5亿年。

待亲眼见到大龙洞瀑布，立即能体会它是多么与众不同。一般瀑布都以天池和湖泊溢出水为源头，从二山之间或是山顶平凹处形成，而大龙洞瀑布源自溶洞暗河，不知其起、不知其变，唯见其奔出大山的霸气和纵情飞跃的豪迈。

整个山谷水气弥漫、雨雾蒙蒙，若能恰逢阳光斜照，水雾中化出五彩长虹，蔚为壮观。

飘起青山一缕纱

○德夯流纱瀑布

山，刺破青天锷未残。

○ ● ○

【小名片】德夯流纱瀑布，位于吉首市德夯大峡谷风景名胜区内九龙溪源头，垂直落差高216米，号称"中国最高的瀑布"。大部分时间，该瀑布流下悬崖后因极高的落差，中途被风吹散，游人从瀑布下走过，散落的水珠飘洒，令人感觉似雾若纱，因此也称之为流纱瀑布。

【文】彭雅惠
【图】德夯风景名胜区管理处

从张家界前往凤凰，沿途山景都是这样桀骜于天地，刚强坚毅。

不妥协的姿态，是造物的手段，或许也是大地的"态度"。但临界线的中段，大地却通过德夯大峡谷，偷偷保留了它"另外的想法"。

德夯为苗语音译，译作汉语大概是"美丽峡谷"的意思。沿着峡谷深入，会对这个名字加深认同，同时也会加大反差感——那么"壮怀激烈"的对外姿态，包裹的却是一个极度平和安宁的小世界。

眼前是青苔慵懒地攀附在小道石阶，山泉从无名山峦流淌而下，在无数个山与山之间的狭缝里与野花共生；举头是白云苍狗缓缓变幻，天地无言，唯剩永恒。

连山林里最为奔放的瀑布，在此也抛弃了飞流直下的急迫。峡谷深壑处有高山落水，落差216米，是中国落差最大的瀑布之一，却没有万马奔腾的冲撞，没有万兽怒吼的狂嚣。

水从绝壁腾空而下，在半空却神奇地化作丝缕，随风飘落到观者脸庞、衣裳时，轻柔得如细纱拂过。若巧遇阳光照射，瀑布会生出七彩长虹，彩虹也随着细纱飘洒下来。

青山飘起一缕纱。单就这一挂缥缈的气质，这一点似有似无的轻柔，驰骋天地、萦绕人心，足矣。

去亚洲第一氧吧，做一帘幽梦

◎珠帘瀑布

自在飞花密织帘，大珠小珠落玉潭。

○ ● ○

【小名片】珠帘瀑布，位于株洲市炎陵县神农谷国家森林公园。瀑布高48.2米，是亚洲负氧离子最高的地方，因此被誉为"亚洲第一氧吧"。

【文】胡盼盼　【图】盘志鹏

山峦重叠、沟谷纵横，15万亩的神农谷，遍布幽林，古木参天。珠帘瀑布区域，空气中负氧离子含量高达每立方厘米13万个，瞬间峰值高达每立方厘米22.8万个，是亚洲负氧离子含量最高的地方。

被撞击的水流，碎成亿万滴小水珠，在空中密织串串珠帘，而后在谷底形成大珠小珠落玉潭的盛景。珠帘瀑布，正是因此得名。

负氧离子看不见摸不着，而一旦走近山林湖泊，人们会感觉到神清气爽、呼吸顺畅。

山泉纯净，凉沁心脾

◎浏阳河源头

同一世界，却并不同此凉热。

○ ● ○

浏阳河有两处源头，从大围山一南一北出发，最后殊途同归。

从北出发的源头出自深山。山间堆积着冰川运动遗留下的漂砾，山体浸出细微流水在漂砾缝隙间悄悄汇聚，随着山势坠落。从叮咚轻吟到瀑布轰鸣，最终成为大溪河。

从南出发的源头来自高峰之巅。冰川运动在大围山主峰形成冰窖，而冰川融化后大量积水又形成超20万平方米的高山湿地，草下静水深流。湿地之水溢出汇集成小溪河。

【小名片】浏阳河源头有二，称大溪河、小溪河，分别出自大围山北麓和南坡。大溪河、小溪河在浏阳城东10千米处汇合，始称浏阳河，最终汇入湘江。

【文】彭雅惠　【图】张长虹

澧水上的"鬼门关"
如今的漂流胜地

◎张家界茅岩河景区

高山峡谷，激流勇进。

○ ● ○

【小名片】张家界茅岩河景区，位于张家界市永定区澧水流域上游，上至苦竹寨，下至花岩电站，全程50千米，距张家界市60多千米。

【文】胡盼盼　【图】李纲　张雪琴

　　茅岩河亦称为岩河，河两岸尽是悬崖峭壁。旧时，在水上谋生的船夫一提起茅岩河，既津津乐道又心惊胆战。

　　两岸悬崖拔地而起，壁上瀑布飞流直下，被挤在中间的河道，急流汹涌，险滩遍布。稍不注意，便是人仰船翻。

　　20世纪90年代修建的渔潭电站，将茅岩河一分为二，大坝以上是延绵的泱泱平湖，大坝以下是峡谷急流。茅岩河变得有惊无险，加上岸边的绝美山色，让茅岩河成为漂流胜地。

"天岳"有降龙之所

◎龙潭飞瀑

跳出樊笼外，心远地自偏。

○ ● ○

深厚的文化积淀，是幕阜山的灵魂和底气——伏羲陵在此山，大禹治水至此山，葛洪炼丹在此山，中华最早记载的国家天文与占星场所也在此山。

【小名片】龙潭飞瀑，是幕阜山国家森林公园著名景点之一，位于老龙沟景区，分为上下二潭，上潭落差15米，下潭落差40米，上下相承。

【文】彭雅惠　【图】秦泰

幕阜山鲜少开发，起伏的山峦都是天赐姿态。山南侧原始森林里的龙潭飞瀑最为人所称道。溪水沿陡坡泻下，又在山岩夹峙中分分合合，水流与异石纠缠各显美态后，最终汇作一股从15米崖壁飞流直下，形成一汪澄碧幽深的龙潭，潭边水珠飞溅，沾衣欲湿透心凉。

舜帝饮过这山泉？

◦舜皇山"十八江"

明月竹间照，清泉石上流。

◦ ● ◦

史籍载，舜帝南巡驻跸此山，因此称之舜皇山，山地表水系十分发达，在无外来水流的条件下自成水系。

据说，山间常年流动有56条小溪，其中，成气候的有18条，被赞为舜皇山"十八江"。说是"江"，但在它们分别汇入湘江和资江前，其实大都水量不大、水流不急，潺潺声响里澄净水流从青苔包裹的山石跌落，垂下一束束洁白水沫，偶遇低洼平缓之处，溪水积成小潭。

赤足踏水，清流濯足，尽享山野乐趣。

【小名片】舜皇山"十八江"，位于邵阳市新宁县东南部，地处越城岭山脉中段。由于森林覆盖率高，水源涵养功能强，形成了十八条水量充沛的地表水系。

【文】彭雅惠
【图】湖南省林业局

大暑
DASHU

花垣县大龙洞瀑布

——循声而行，还需步入大山深处。一路所过山石多
被层层分割，毫不掩饰地彰显自然与时间的力量。

天长暑热，
山水清幽②

竹深树密虫鸣处，
时有微凉不是风。

——宋·杨万里

到矿泉水里游泳去

○百福溪峡谷瀑布群

灵山多秀色，空水共氤氲。

○ ● ○

有人说，上福寿山的路是一根系在白云身上的绳子。越往上走，就越多见"散落"的白云萦绕在绳周。一路上，缠人的酷暑与尘世的喧嚣都不知不觉被甩在身后，也不知道从哪一步开始，人们就踏入另一个乾坤。

96%的高山森林覆盖率和接连十数千米的飞瀑，联手营造出"高氧洗礼"，空气无比清新，"久在樊笼里，复得返自然"因此变成一种具象。

从大量飘浮山间的涌雾腾云，可以推敲出福寿山的高山密林藏着充沛流水。只要往深处探探，轻易就会发现数不尽的瀑布，飞落成潭水碧澈、溪

【小名片】百福溪峡谷瀑布群，位于平江福寿山风景区内。福寿山共有大小瀑布30多处，常年奔流不息，其中，百福洞峡谷瀑布群属规模较大的瀑布群。
由于地质作用与流水千百年的冲刷切割，福寿山在大福坪与北风洞之间形成两千米多长的峡谷，两岸山势高耸，峭壁林立，谷中密布悬泉飞瀑，处处碧潭深涧。更为神奇的是，在清流迭水之间，由于自然风化、流水冲刷等因素，峡谷中密布奇形怪状的乱石，有不少是很有特点的象形石，如蛤蟆石、蘑菇石、神龟石、棋圣台等。
每当夏日水大，瀑布群水量最大，声震如雷，使峡谷空气中都弥漫着浓浓的水汽，极有气势。

【文】彭雅惠　　【图】李奇

水潺涓。

山中最宜携家带口夏日同游的瀑布，当属百福溪峡谷瀑布群。山间岩石沟壑斗折间，数股银河飞驰，激水拍石形成多级瀑布，激流清澈、银花飞溅，人一走近便水气扑面，清凉爽快。瀑下积水成潭，碧绿莹润，可见潭底怪石堆叠。

很多人不知，福寿山出产罕见的碳酸矿泉水，富含的多种微量元素对心血管疾病、肠胃疾病、结石等有奇特疗效，还曾被指定为亚运会专用饮品、中国女排指定用水。

虽不知百福溪峡谷瀑布群水质如何，但与福寿山矿泉水同出一源，想必多少具有"矿泉水"特质。在通幽古道、翠竹鸟语中投入"矿泉水"嬉戏，那份惬意与舒泰，难以言说。

现实版速度与激情，你敢去吗

◎平江连云山沱龙峡漂流

曾经无人踏足，如今争相打卡。

○●○

【小名片】平江连云山沱龙峡漂流，地处平江县加义镇，全长5千米，总落差299米，最高落差19米，最长滑道120米，是国内目前落差最大的生态峡谷漂流。

【文】胡盼盼　【图】邹琳娜

爱漂流的人，总想去挑战沱龙峡。不为别的，在国内最大高差的峡谷漂流，从19米的高处坠落，那种速度与激情，没有一定胆量的人体会不到。

井冈山革命根据地还未开辟之前，大革命低潮时期，这里聚集各地革命仁人志士达十几万人，险要地形成为天然屏障。

山高、壑深，水也足。连云山一带全年雨量充沛，是湖南的暴雨中心之一。且森林覆盖率高达98.12%，茂盛的植被涵养出大小溪沟30余条。

全方位满足你"浪"的需要

◎沩山漂流

平淡中的刺激，最叫人着迷。

○ ● ○

有古书称"四方皆水，故曰大沩"，意思是沩山盆地内的石山，被水包围，所以叫作沩山。

得益于这种独特的高山小盆地气候，沩山年平均降雨量超过1600毫米，山间常年湿润，云蒸霞蔚，气温明显低于外界。溪河们有点儿莽撞地奔跑在峡谷密林间、时宽时窄、时缓时急，巧妙地将青山划开成不规则的两半，反复上演"柳暗花明"的转折。

与水同奔，最能体会沩山精髓，于是人们开发出沩山漂流，乘一艇轻舟，山高水长。

【小名片】沩山漂流，位于宁乡市沩山乡，起点在祖塔小龙潭，漂流河道总长约5.6千米，落差200米左右，属于大落差强刺激的漂流。

【文】彭雅惠 【图】辜鹏博 赵持

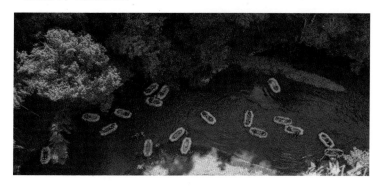

五道瀑布，总有一道适合你

◎旺溪瀑布

白龙入潭，四季滔滔。

○ ● ○

【小名片】旺溪瀑布，位于邵阳市隆回县小沙江镇旺溪村。旺溪瀑布群共有五道瀑布，集中于旺溪河中段，常年水流充足，四季皆可观赏。

【文】刘奕楠　　【图】虎形山—花瑶风景名胜区

从回家湾进入大峡谷，沿盘山公路前行，尚未到回家湾，便听见瀑布入潭发出的隆隆声响。

到峡谷后，沿石阶而下，临近瀑布，水汽氤氲，鸟语阵阵，这就是旺溪"秘境"。

旺溪大峡谷中，五道瀑布落差、宽幅、气势各不相同。沿着玻璃滑道，仙牛戏水瀑布第一个入画，金子潭、回湾潭、虎跳崖依次现身，最后为气势恢宏、蔚为壮观、落差高达百丈的龙过江大瀑布。

瀑布冲下来形成的凼，光滑如镜

◎东安皂水凼瀑布

洗去尘浊，染一身凉意。

○ ● ○

皂水凼瀑布在湘南边陲东安县西北部，一条白练从天而降，挂在葱绿幽暗的峡谷峭壁上，如同仙女的长袖飘飞。

【小名片】东安皂水凼瀑布，位于东安县西北部的黄金洞森林公园内。瀑布由两级组成，位于下方的一级瀑布，落差达70米，宽3~5米。往上攀登百米左右，即来到皂水凼二级瀑布。由于流水的作用，岩壁被冲刷得光滑如镜。

【文】胡盼盼　　【图】黄金洞森林公园

走近了，抬头看，万千细雨飞花扑面而来，笔直的峭壁耸立眼前，震天巨响回荡耳边。

低头看，亦有惊喜。百米高的瀑布，在地下冲出一个数米深的天然水凼。不知多少年的洗刷，瀑布水流把水凼洗得一尘不染，底下干净圆润的石头清晰可见。

白瀑成梯，引人入山来

◎洞口桐山瀑布

山形多变，流水不羁。

○ ● ○

【小名片】洞口桐山瀑布，位于邵阳洞口县东北方向的桐山国有林场内，共有大小瀑布80余个，是洞口县知名景点。

【文】胡盼盼　　【图】洞口县桐山国有林场

洞口县城东北方向，绵羊溪延绵不绝。溪水依山而变、声势浩大，在沟壑纵横中跌宕起伏，形成大大小小的瀑布群落。

80余个瀑布，高低错落，最大的是九龙瀑布，有210米长。它们如同不规则的白色步梯，一梯接着一梯。

瀑布群中，属悬崖峭壁上飞出的瀑布最为奇妙。笔直的峭壁，一股白亮的清泉从中飞泻而出，威武神气。中途一方青石旁逸斜出，白雾滔天，形成更加宽广浩大的悬瀑。悬瀑横冲直下，在地下冲出一个深潭。如此奇景，当地人称之为母子瀑。

小溪流水，平凡中的不凡

◎白水峡谷

不凡，常常从平凡中孕育。

○ ● ○

在多山的湘西南，峡谷是常见的，长14千米、自然落差约400米的白水峡谷，虽也有"水白、石奇、林幽、瀑美"之誉，但粗略一看，其形貌实在泯然众山。

群峰夹峙着白水峡谷，只从青山里放出一道小溪，引领人们步入山谷。当脚丫淌进水里的一瞬，清凉油然而生，一场与俗务的告别和一场与探险的相遇，在时光隧道里交汇。

水的深浅恰到好处，足够打水仗，足够摸鱼，也足够安全。

【小名片】白水峡谷，位于新邵县北部金龙山东侧的山中，起于大新镇大禾村，经岱山村，一路逶迤而下，至大东村，形成开阔的豁口，溪水汇入资江。

【文】彭雅惠　【图】张金华

131

立秋
LIQIU

永顺猛洞河国家湿地公园

山猛似虎，水急如龙，洞穴奇多，被武陵
山脉环抱的猛洞河，山川壮美。

【图】黄文华

山川荟萃，
刚柔相济①

江涵秋影雁初飞，
与客携壶上翠微。

——唐·杜牧

谁造出了一条"龙"

◎桂阳春陵国家湿地公园

水面下，藏着几千年的故事。

○ ● ○

自然与人力携手，会造出怎样的风光，桂阳春陵国家湿地公园算得上一个"样板"。

2 000多年前，汉景帝之子刘发被发派到长沙国做了定王，他又将自己的4个儿子分封到4个县级侯国，其中，刘买的侯国被命名为"春陵侯国"。有一条发源于古桂阳郡北界山的河流，全程流过春陵侯封地，因此被称为春陵江。

大自然造就的春陵江是穿梭于山地的窄窄"白线"，在群峰间时隐时现，一路下行，304千米流程海拔落差达到70米。这令江岸农田几乎得不到江水灌溉，当地歌谣里唱："水在山谷流，人在岸上愁。"

不认天命，是湖南人的天性。自古江岸居民就不断在春陵江干支流修筑河坝。20世纪70年代，为解决湘南农田灌溉和用电难题，加速经济发展，湖南省决定在春陵江修筑大型水库——欧阳海水库。

这座58米高、有效库容达2.96亿立方米的水库关闸蓄水，给春陵

【小名片】桂阳春陵国家湿地公园，地处桂阳县境内，库塘-江河复合型湿地，呈现为南北走向的肠形水域廊道，全长53千米，公园总面积3 220公顷，其中湿地面积2 478.7公顷，占76.98%。规划建设有湿地保育区、恢复重建区、宣教展示区、合理利用区、管理服务区5个功能区。

该湿地公园有永久性河流、洪泛平原湿地、库塘和水产养殖场四大湿地类型，景观各异，构成独特的复合型湿地生态系统。

【文】彭雅惠　【图】唐治国

江流域带来翻天覆地的变化。5万亩土地连同上面的村庄、桥梁、道路、农田、山林没入水中，化作一片汪洋，一些连绵的山峦还能露出峰顶，形成串串绿岛。

仿佛冥冥中自有神秘力量，春陵江淹没5万亩陆地后，新的水陆结构居然极像一条巨龙图案。每次江水涨退，都会使"龙"发生很大变化，如果能将全年不同水位期拍摄的遥感照片拼接起来连续播放，就会发现"龙"的触角在伸缩、"龙"的头颅在摆动。

永久性河流、洪泛湿地、库塘组成的复合生态系统，让春陵湿地具有了自己的独特性。夏日时光悠长，遍布的滩涂就成为让人们"沉浸式"欣赏湖光山色的好去处。

"顶级"的山清水秀

◎常宁天湖国家湿地公园

纯净的山水，是它们最美的样子。

○ ● ○

看过许多山水，就会发现，山清水秀，也分不同级别。

夏季来到常宁天湖国家湿地公园，恰能一睹"顶级"山清水秀。

过了端午，日头便有些灼人，常宁天湖散发的凉意让人格外舒适。虽然远不及天池的名气，但作为"天"族一员，天湖是合格的，其水质常年达到国家地表水 I 类标准，直接饮用无碍。

没有过多杂质污染，无论从什么角度看，天湖湖水都美如翡翠，绿如蓝的色彩结合丝绸的质感，说不出的赏心悦目。

不必担心一湾碧水未免单调，众多的绿岛是天湖湿地的重要组成部分。湖中大小岛屿11座、半岛37处，错落有致，据说正巧都落在高

【小名片】常宁天湖国家湿地公园，位于衡阳市常宁市天堂山办事处和洋泉镇境内，主要包括天湖及周边与湿地保护相关的区域，总面积891.7公顷，其中湿地面积317公顷，湿地率35.6%。公园内包括湖泊湿地、永久性河流湿地、洪泛平原湿地、草本沼泽湿地、库塘湿地和运河输水河湿地4类6型湿地。

【文】彭雅惠　【图】刘东华

端审美的点上。

大大小小的岛上，满是绿色植物。阳光透过树冠，只能漏下点点光斑；树与树之间稍有空隙，又被荒草挤满。

湖光岛色相得益彰，连成横无际涯的新绿。

谁能料得到，这片新绿是活的!

仔细看，树梢头、草甸里，忽而有雪白大鸟飞出，带起一缕清风。原来天湖国家湿地公园正位于中国三大候鸟迁徙路线的中线主干上，不论冬夏，迁徙鸟类飞越南岭前后往往都在这停歇。初夏，正是多种鹭鸟来此安家落户的时候。

浏阳河，河边有片什么湿地

◎浏阳河国家湿地公园

绿遍山原白满川，子规声里雨如烟。

○ ● ○

清晨，浏阳河国家湿地公园，晨练的人们哼着熟悉的《浏阳河》曲调。水边的斑鱼狗也吹着"口哨"伴奏，在水面上掠出重重波纹。

浏阳河国家湿地公园是浏阳首个"国字号"湿地公园，这里古树青藤茂密，河水碧绿清澈，水质达标率和空气质量优良率均为100%。

绿遍山原白满川，子规声里雨如烟。6月，正是去浏阳河国家湿地公园看小䴘䴘、白鹭、池鹭、黑水鸡、翠鸟等"湿地精灵"的好时候。

【小名片】浏阳河国家湿地公园，位处浏阳市东部，包括株树桥水库及沿岸第一层山脊的部分生态公益林，总面积2 361公顷，其中湿地面积1 423.4公顷，公园湿地率60.29%。

【文】胡盼盼　张淇汶　【图】陈伏明

躺在莲湖湾的小船里，听渔歌唱晚

◎莲湖湾国家湿地公园

落日余晖里，渔歌动莲影。

○ ● ○

【小名片】莲湖湾国家湿地公园，地处衡南县与常宁市交界地带，包括近尾洲水电枢纽工程库区、清江河、联合水库、河州漫滩和周边部分山地等。湿地公园总面积898公顷，湿地总面积503公顷，湿地率56.01%。

【文】胡盼盼　【图】陈思华

　　去湖南莲湖湾国家湿地公园，也许能找到渔歌唱晚的意境。

　　湘江渔歌，是渔民们在湘江上劳动时，信手拈来，开口就唱，用来解压和表达感情的一种方式。

　　渔歌，先有鱼，再有歌。以莲湖湾的龙祖潭为中心上下50千米湘江河段，河流环境非常适宜鱼类栖息、活动、产卵。

　　夏日，夕阳将落未落，躺在一只小船上，随着水流浮动，听着悠悠渔歌，看着青青荷叶微微摇晃。

偷得浮生半日闲

◎云溪白泥湖国家湿地公园

飘飘何所似，天地一沙鸥。

○ ● ○

　　眼前的现实和"诗与远方"在云溪并不冲突。白泥湖地处洞庭湖进入长江的入江口，雨季一到，百川灌河，水天茫茫。

　　岳州窑不复得见，现在的白泥湖国家湿地公园安静又安逸。午后的阳光透过层云，空气中飘荡着草木香，临湖远眺，视野与心境都变得苍茫辽阔。

　　最"明显"的响动是鸟鸣，大量夏候鸟在长满芡实的湖面上度夏。自然并不排斥人类，人类的活动只要符合客观规律，就可以造福于自然。

【小名片】云溪白泥湖国家湿地公园，位于岳阳市云溪区，总面积1 328.8公顷。西北距长江仅1.5千米，系长江古河道积水而成，具蓄洪、灌溉和养殖之利。

【文】彭雅惠　【图】林成君　李懋新

在大通湖的柔波里
我甘做一棵水草

◎大通湖国家湿地公园

波光里的艳影，在我的心头荡漾。

○●○

【小名片】大通湖国家湿地公园，总面积8 939.5公顷，湿地面积8 836.6公顷，湿地率达98.8%。湿地公园分为3个湿地类4个湿地型，其中湖泊湿地8 069.8公顷、河流湿地312.3公顷、人工湿地454.5公顷。

【文】胡盼盼　张淇汶
【图】李　丹

夏日清晨，小船拨开丛丛荷叶，向着大通湖湖心划去。水草顺着水流，在斑驳晨光中，柔柔地招摇。

时光拨回到四五年前，那时的大通湖却是另一番景象。因高密度养殖、过度投肥等原因，大通湖的水越来越脏。

不起眼的水草，在治理污染这场攻坚战中受到重用。2018年起，善于吸氮磷的狐尾藻、金鱼藻、轮叶黑藻、苦草等，在大通湖区广泛种植，大湖底泥与大湖水体中的氮磷被水草有效吸收与转化。

沧桑变化，终归淳朴

◎安乡书院洲国家湿地公园

小城宁和，长河源远。

○ ● ○

小荷才露尖尖角，早有蜻蜓立上头。想看成群蜻蜓翩飞，现在可到常德安乡县城北郊的书院洲国家湿地公园。

原本大自然并没打算造一块书院洲湿地，为了让长江分洪入洞庭，才有了松滋、虎渡两河，

【小名片】安乡书院洲国家湿地公园，地处常德市安乡县境内，湿地公园由北向南呈狭长形廊道走向。总面积4 225.2公顷。主要包括安乡县境内的松滋河、虎渡河及其周边一定范围的区域。

【文】彭雅惠　【图】杨鸣

这两条窄而长的"洪水走廊"不断冲击流域周边土地，逐年累积形成一片广袤淤洲，安乡人称作"鹳洲"。

追逐蜻蜓进入洲滩深处，拨开被河风吹如波浪般涌动的花草前行，颇有野趣。

处暑
CHUSHU

绥宁花园阁湿地

——山水包围之中，苗家姑娘乘船入画，听苗歌
悠长，时光在这里静止，画面在脑海定格。

山川荟萃，
刚柔相济②

离离暑云散，
袅袅凉风起。

——唐·白居易

丹霞如画，万顷碧波柔情

○溆浦思蒙国家湿地公园
历遍山河，温柔如你。

○ ● ○

　　智者乐水，仁者乐山。在溆浦思蒙国家湿地公园，不需要选择游山还是玩水，山与水在这里同为主角，相映生辉。乘兴泛舟而发，一路与山相看，山顶的云会静伴行舟，缓缓飘向水尽之处。

　　"思蒙"一名，据说是屈原所取。2 000多年前，屈原被流放至沅湘一带，行至沅水支流溆水，他初涉此地的印象是"深林杳以冥冥兮，乃猿狖之所居；山峻高以蔽日兮，下幽晦以多雨"。这林深猿

【小名片】溆浦思蒙国家湿地公园，地处怀化市溆浦县西部的岩溶、丹霞地貌区，距离县城15千米，是新潇湘八景"溆水思蒙"核心地带，涵盖溆水下游河道、银珍水库、河州漫滩和周边部分山地，总面积1 018公顷，湿地面积715.8公顷，湿地率70.32%。

公园内动植物资源丰富，有维管束植物1 008种，包括国家二级重点保护植物花榈木、榉树、樟树、喜树、金荞麦、野大豆、中华结缕草等7种和湖南稀有植物珠芽虎耳草、沅陵长蒴苣苔等；有野生脊椎动物188种，包括虎纹蛙、黑耳鸢等国家二级重点保护动物12种。

【文】彭雅惠　【图】周伟才

啼、阴雨迷蒙的溆水之畔就是"思蒙"。

屈原一住九年，在这里开始回首自己一生，探索九天之外，思考茫茫宇宙。《离骚》《天问》《九歌》《九章》等一大批千古绝唱都在此写就。溆浦思蒙的山水，让屈原敞开了心扉，歌咏心志。

2 000多年过去，今日看溆浦思蒙，仍能见屈原之所见。十里丹霞碧波荡漾，下有屈子幽谷临绝境，上有桃源洞天开新景，又有国家湿地公园相萦拥。有诗赞道："闻道灵均涉溆潭，汀兰岸芷水云间。仙风染得思蒙碧，要把瑶池作二看。"

溆水流淌，不见湍急、没有澎湃，只是平和而悠然地走向沅水，水色因碧透而见灵动。

十里丹霞临江而立，不觉峥嵘。历经漫长岁月中的重力崩塌、雨水侵蚀、风化剥落后，思蒙的丹霞山山色赭红温厚，山体奇幻却总不失圆润。

曲曲山回转，峰峰水抱流，平和的水与圆润的山，共同生出与众不同的温柔。在这温柔里，可以开怀、可以脆弱、可以感悟、可以放空，坐船看水，抬头看天，一切都是对的。

南洲可采莲

◎南县南洲国家湿地公园

采莲南塘秋，莲花过人头。

○ ● ○

【小名片】南县南洲国家湿地公园，位于益阳市南县境内，总面积9 896公顷，其中湿地面积9 665.63公顷，是洞庭湖重要腹地和心脏地带，北依长江，四面环洞庭，是东、西洞庭湖走廊地带。该湿地公园主要包括藕池河中支和西支、南茅运河、三仙湖水库、淞澧洪道和天星洲湿地群。已发现有脊椎动物共173种，包括鱼类47种。

【文】彭雅惠　　【图】李昌

江南可采莲，莲叶何田田。湖南北境，南县的荷花含苞待放，到了水乡一年中最光彩照人的时期。

"千顷荷花十里洲"，在南县，陆地与水域是缠绕不清的，水道如巷、河汊如网，鱼塘栉比、渚岛棋布，过去当地人家几乎户户都有小舟。这里本是洞庭湖的一部分，数百年前，洞庭泥沙淤积抬高湖底，形成了南县。

湖底的淤泥平坦肥沃，使得新生的土地种植养殖收成都极好。比如，这里的稻虾养殖已经发展成湖南省最大的产业基地。

将南县最主要的水与洲"结合"在一起，组成了南洲国家湿地公园。夏季，坐船穿行公园水道，会遇见莲叶重重叠叠，撑船而过，就能体会"芙蓉向脸两边开"的野趣。

采莲的动静，常常惊扰被莲叶遮蔽者，一时间蛙鸣鱼跃、水鸟疾逃，水乡风情更加生动。

眼下，稻虾养殖的小龙虾也进入上市季。南县大把餐饮摊点挂出招牌：虾尾火锅、口味虾、油爆虾、卤虾、冰镇汤料虾……花样迭出，百吃不厌。

洲与水，清雅与市井毫无芥蒂地融合了。

它来自古洞庭

◦毛里湖国家湿地公园

回到最初，才是最难。

○ ● ○

常德津市毛里湖是古洞庭分解出来的一部分，湖周山岗丘陵起伏，保持着古老的自然岸线。夏日漫步，依稀还能看出两者相似的烟波浩渺、相似的岸芷汀兰。但毛里湖曲折、婉约得多。

【小名片】毛里湖国家湿地公园，位于常德市津市东南部。毛里湖是湖南省最大的溪水湖，也是第二大天然淡水湖，1954年因西洞庭湖围垦而分出变成内湖。

【文】彭雅惠　【图】任柳根

毛里湖的众多汊湾滋养出众多洲滩，彼此之间隔河可望，但相会却不容易，这样的沟壑回旋生出很多探寻的乐趣。不同汊湾还滋养出不一样的"宝藏"——有的出蔂果、有的出柑橘、有的出绿茶、有的出桑麻、有的出银鱼……

秀美河山曾是硝烟战场

◎新墙河国家湿地公园

秀美山河，静好岁月。

○ ● ○

【小名片】新墙河国家湿地公园，地处岳阳县境内，东西垂直长约为50千米，总面积7 032.1公顷，是洞庭湖区典型的库-河-湖(铁山水库-新墙河-洞庭湖)复合生态系统。

【文】彭雅惠　【图】汤安民

岳阳第二大河新墙河，曾在两岸炊烟和一河渔歌中流淌千年。

而今，渔歌暂歇，炊烟迁远，新墙河和凭河而生的湿地变得格外宁静。百余千米的蜿蜒河道，沉淀下肥厚潮土，养育出丰厚的草甸，青草丛成簇打着旋，像浓绿的波浪，足以淹没踏入者的小腿。

静默无声的新墙河湿地，曾是四次长沙会战的前沿战场。时光逝去，不舍昼夜，新墙河湿地恢复了往昔的宁静，山河秀美，岁月静好。

150

在长沙，有一片诗意的沙滩

◎松雅湖国家湿地公园
繁华都市，诗意栖居。

○ ○ ●

三伏天时节，不妨逃离市中心，钻进松雅湖避避暑。松雅湖水面超4 000亩，在减轻城市"热岛效应"方面作用明显。夏天，这里的气温比市中心要低5℃左右，负氧离子含量更是市中心的数十倍。

【小名片】松雅湖国家湿地公园，位于长沙县北部，2016年成为国家级湿地公园，总规划面积365公顷，湿地面积274.4公顷，是我国南方退田还湖恢复重建的典型代表。

【文】胡盼盼　【图】李妙健

清晨或傍晚，徒步或骑行在蜿蜒的沿湖小道上，最为惬意。湖面吹来的凉风，抚平燥热的心。郁郁葱葱的芦苇送来满眼绿意，让人顿时忘掉都市生活的压力。晨光或夕阳，给湖面镀上一层细软的金黄。

山乡僻壤与繁华世界的隐秘通道

◎雪峰湖国家湿地公园

山川荟萃之处，刚柔相济之美。

○ ● ○

【小名片】雪峰湖国家湿地公园，地处安化县境内，主要包括雪峰湖、资江干流安化东坪—株溪口段及周边区域，总面积9 936公顷。湿地公园主体"雪峰湖"为世界最大冰碛岩拥抱湖。

【文】彭雅惠　　【图】谌继先　谭圣筠　谌嘉球　金晓斌

安化多山也多溪。《安化县志》记载，当地长5千米以上、流域面积10平方千米以上的溪水，多达170条。这一众溪流在连环缠绕的群山间冲开千丝万缕通道，最后尽数汇入由南向北经过安化的资江。从此，山乡僻壤与繁华世界隐秘相通。

千里资江几多滩，船到江心步步难。而多滩的江河、紧逼的山崖、回旋的流水与茂密的森林，又共同组成了雪峰湖湿地。

"国鸭"看中的地方

◎桃源沅水国家湿地公园

沅水桃花色，湘流杜若香。

○ ● ○

经过多年开发利用和治理修复，桃源沅水湿地形成了人工和自然复合湿地生态系统，保留了自然生境，又人为减缓了水势。

这样的环境正是中华秋沙鸭所喜爱的。在过往监测中，在南方越冬的中华秋沙鸭多为小群或零星个体，很少有同一地见到10只以上的个体记录。而在桃源沅水湿地，人们却发现数量超过40只的中华秋沙鸭集群。最多的一年，有过百只中华秋沙鸭"看中"了这方宝地，这一数量使桃源沅水湿地达到国际重要湿地标准。

【小名片】桃源沅水国家湿地公园，位于常德市桃源县境内，总面积751.79公顷，其中湿地面积701.64公顷，湿地率93.33%。

【文】彭雅惠　【图】周桂成

白露
BAILU

嵩云山国家森林公园古纤道

——群峰叠翠间，古刹众多，香火旺盛，只听见，远处轻轻的木鱼声从红墙青瓦中传出，浮躁的心一下子静下来了。

【图】麻北京市延庆区国有林场

山水秘境，
生命悠长。

露从今夜白，
月是故乡明。

——唐·杜甫

纵情野趣，不二佳选

◎高望界国家级自然保护区

用最野的姿态，铺陈生态底色。

○ ● ○

　　大自然赋予中国怎样的生态本底？全国17个拥有独特丰富物种、具有全球保护意义的生物多样性关键地区最能说明。

　　湘西北武陵山区是这17个"关键地区"之一。古丈高望界国家级自然保护区则是武陵山区的重要一环。

　　在神秘大湘西，崇山峻岭此起彼伏，高望界是古丈县海拔最高

【小名片】高望界国家级自然保护区，地处湖南西北部，总面积17 169.8公顷。其中，核心区7 497.5公顷、缓冲区4 938.1公顷、实验区4 734.2公顷。

土壤肥沃，呈酸性，适宜多种植物生长。区内已发现维管束植物2 247种，其中国家一级保护植物3种；发现脊椎动物309种，其中国家一级保护动物6种；还发现昆虫1 807种、大型真菌308种等。

【文】彭雅惠　【图】张术杰

之地，故得其名。因山势之高，可以俯瞰古丈周边泸溪之秀、酉水之碧。

　　酉水是沅江最大的支流。高望界因此成为沅江上游重要的水源涵养地。区内山高谷深，溪流纵横，贯穿全区，并且终年不冻。

　　2011年，国务院批准高望界晋升国家级自然保护区，主要保护对象是亚热带低海拔天然常绿阔叶原始次生林及其生态系统。

　　这片原始次生林非同一般，科学考察在林中发现的高等植物多达2 247种，发现古树名木731株。行走其中，看见珍稀濒危植物十分寻常，比如国家一级保护植物钟萼木、南方红豆杉、青钱柳、篦子三尖杉、瑶山梭罗等，它们都以群落形式存在。兰花也格外偏爱此地，春兰、金兰等30多个品种均可在海拔200~1 000多米的沟坎、坡地一觅芳踪。

　　如此优越的生态条件，自然吸引了一伙"珍禽异兽"定居。云豹、林麝、白颈长尾雉、金雕、中华秋沙鸭、穿山甲6种国家一级保护动物，以及金猫、斑羚、鸳鸯、勺鸡、赤腹鹰、红脚隼、虎纹蛙等35种国家二级保护动物均有踪迹。

　　陶渊明说："久去山泽游，浪莽林野娱。"置身于高望界，无疑能得到纵情投入自然、回归野趣的最佳体验。

游走在生命的"特殊"之境

○乌云界国家级自然保护区

与众不同，自有天意。

○ ● ○

　　行走湖南，从北部洞庭湖平原去往西部高山地带，途中要经过雪峰山脉与武陵山脉的交会处，最高海拔1 000多米，最高处常见乌云滚滚或霓霞缥缈，人称"乌云界"。

　　这里因为正处在平原向高原、温带向亚热带过渡的地带，所以天然形成特殊生境，这让一些对环境有特殊要求的动植物有了生存空间。

【小名片】乌云界国家级自然保护区，位于桃源县南部，地处雪峰山余脉的北坡，云贵高原向湘赣丘陵、湘西山地向洞庭湖平原过渡的典型地带，占地面积33 339.62公顷，是湘西北重要的水源涵养区和生态屏障。

【文】彭雅惠　【图】周桂成

比如野生细辛，一种罕见的心形叶片草本植物，讨厌强光直射，可过于郁闭的林下又阻碍其生长；喜爱潮湿的腐殖土壤，可稍微充沛的雨水会让它患上叶枯病。

如此矛盾的要求，鲜有地方满足，而乌云界海拔800~1 000米处得天独厚——漫山遍野的芭茅丛，没有高大乔木，阳光通透，但并不暴晒，山中湿润清凉，却并不多雨积水……于是，这里成了细辛的乐土。

大自然还有更妙的安排。我国独有的古老生物、号称"活化石"的中华虎凤蝶，幼虫时期天生"重度"挑食，大千世界中居然只有两种食物可吃，分别是杜衡和细辛。偏偏这两种细辛属植物都比较少见。于是，乌云界就成了中华虎凤蝶"救赎之地"，目前是全国种群数量最大的地区之一。

九嶷山上白云飞

◎九嶷山国家级自然保护区

苍梧之野，景景入胜。

○ ● ○

【小名片】九嶷山国家级自然保护区，位于永州市宁远县南部，总面积10 236公顷，以保护南岭山地萌渚岭北坡大面积的原生型典型中亚热带常绿阔叶林生态系统和珍稀濒危物种栖息地为主。

【文】胡盼盼　　【图】九嶷山文旅

"九嶷山上白云飞，帝子乘风下翠微。"九嶷山在永州市宁远县境内，位于南岭山脉之萌渚岭北麓、湘水源头。

遥望九嶷山，古树葱葱、林海莽莽。九嶷山拥有湖南南部面积最大、最完整的原生型常绿阔叶林，也是东亚地区以栲属为主的常绿阔叶林的中心地带。保护区内古木青苔众多，常有珍禽异兽出没。南岭山区所有的动植物种类，绝大部分在九嶷山有分布。

不是所有山都能称"岳"

○南岳衡山国家级自然保护区

衡山苍苍入紫冥，下看南极老人星。

○ ● ○

在中国，被称为"岳"的山有多座，湖南只有一座——南岳衡山。

早在第四纪冰川时期，衡山就以自身独特的位置、地质和优越的光、热、水条件，成为许多生物的避难所，因而保存了许多古老孑遗物种——绒毛皂荚、窄花柳叶箬、毛柄金腰、南岳蹄盖蕨和南岳老鸦瓣。

人们来登山避暑之时，稍加留心说不定就能见到这许多的珍稀动植物。

【小名片】南岳衡山国家级自然保护区，位于衡阳市，跨南岳、衡山、衡阳三县(区)，总面积11 991.6公顷。保护区以云豹、林麝、黄腹角雉等珍稀濒危野生动物及其栖息地和绒毛皂荚等珍稀濒危植物及其群落等为主要保护对象。

【文】彭雅惠　【图】康松柏　尹中宝

"湖南屋脊"上的"东方诺亚方舟"

◎壶瓶山国家级自然保护区

壶瓶飞瀑布，洞口落桃花。

○ ● ○

【小名片】壶瓶山国家级自然保护区，位于常德市石门县境内，总面积66 568公顷，是湖南省最大的森林生态系统自然保护区。

【文】胡盼盼　【图】湖南壶瓶山国家级自然保护区

　　8亿年前，壶瓶山曾是一片汪洋，经过亿万年的造山运动，生长成为武陵山脉的东北端。这里拥有十万亩原生珙桐、山羊角树、蜡梅等全球亚热带地区极为罕见的古老植物群落。

　　壶瓶山位于温暖的北纬30°，西北有秦岭等高山阻隔寒流南下，太平洋暖湿气团来到群峦叠嶂的山原地貌，丰富的地形雨给植物提供源源不断的滋养。特殊的地理位置和气候条件，让动植物逃过冰川浩劫，在壶瓶山自由生长。壶瓶山目前已记录生物物种8 760余种。

湘西秘境，动植物王国

◎借母溪国家级自然保护区

古藤老树长尾雉，沟谷流水有人家。

○ ● ○

湘西秘境多传奇。"借母溪"意为"借母生子"。借母溪地理位置偏僻，交通不便，贫困让当地的男人们娶亲难，于是借母生子的旧俗曾在当地流行。

这片未被外界侵扰的山水，却成了动植物们的王国。

在借母溪，不难寻到伯乐树，这里有国内分布海拔最低的伯乐树群落。这里还有国内海拔最低且面积最大的野生桂花群落。2011年5月，白颈长尾雉首次在湖南发现，就是在借母溪。

【小名片】借母溪国家级自然保护区，位于湖南省西北部、沅陵县境西北隅，地处云贵高原向江南丘陵过渡的第二级阶地，总面积13 041公顷，被国内外专家誉为"动植物王国"。

【文】胡盼盼　【图】刘科　付英

林中有鹿，六步过溪

◎六步溪国家级自然保护区

林中有山鹿，六步过浅溪。

○●○

【小名片】六步溪国家级自然保护区位于安化县境内西北部，处于湘中部偏北位置，保护区总面积14 239公顷，核心面积6 094.3公顷。

【文】彭雅惠　【图】周德淑

在湘中，有一处远古遗留的原始森林。初来定居的山民发现，森林中山鹿尤其多，最爱沿着山岭间的溪水活动，因此就给这片"世外桃源"取名鹿步溪，因方言"鹿"与"六"同音，后人讹传叫成"六步溪"。

走入保护区，不由得感慨，以溪命名真是抓住了这片森林的精髓。山中溪泉如玉带穿行重重山岭，满目林海忽而灵动起来。在水草、山石和光照变化下，溪泉水色斑斓，碧、蓝、青、白变幻不一，但澄澈透明始终不变。

秋分
QIUFEN

炎陵桃源洞国有林场

——枝头结满红通通的红豆杉果，美得让人心动。

【摄】吴鹏飞

秋日林场，
处处惊喜①

乾坤能静肃，
寒暑喜均平

——唐·元稹

一场遇见，一场欢喜

◦罗溪国有林场

但有希望，便生欢喜。

◦●◦

【小名片】罗溪国有林场，位于洞口县西部罗溪瑶族乡境内，山高峰险，平均海拔达1 200米，溪河纵横交错，古木参天，森林总蓄积量超过71万立方米，是我省天然阔叶林采种基地，也是储藏史前残遗植物的巨大基因库，仅国家重点保护乔木就有27种。

利用森林资源和气候优势，该林场大力发展有机农林食品，种植养生保健中药材，养殖冷水鱼，生产有机蜂蜜、天麻、岩菌、猕猴桃、茯苓、黄精等养生产品。

【文】彭雅惠　　【图】肖霞

秋分过后，洞口县罗溪国有林场里，粉红"毛球"挂满枝头，登高远望，整片山林洋溢着少女风情的"软萌"。

走近了，才能发现，粉红"毛球"并不软萌，乒乓球大小的果皮硬壳上密密麻麻生着毛乎乎的刺，熟透的果壳还会主动迸裂出缝口。

乍一看，这种刺球很像没褪下外果皮的板栗。当然，它们并非板栗，而是一种叫猴欢喜的野果。虽外形相似，内部却大相径庭。猴欢喜果实不是坚果而是蒴果，种子长度只有黄豆粒大小，和饱满的板栗根本没法比，且不论味道如何，光体量就不够塞牙缝，而且还有好些发育不好的果实，果壳里是空的，啥都没长。

据说猴子们会将其误认为板栗，每每见到都以为可以大快朵颐，但兴奋地剥开后，落得一场空欢喜。

人们将这种果子命名猴欢喜，颇有"伤害不大但侮辱性极强"的感觉。

成熟季的罗溪国有林场，除了猴欢喜，还有大批农林产品、中药材也进入果期。人们进入这片面积超过8 000公顷的山林宿营、溯溪、垂钓时，很可能不经意就遇见了天麻、猕猴桃、茯苓、黄精……或许每一次遇见，都能生出一场欢喜。

百年古树的"红耳钉"

◦炎陵县桃源洞国有林场

红果挂枝头，俯仰600年。

◦●◦

【小名片】炎陵县桃源洞国有林场，位于湖南省东南部，罗霄山脉中段，井冈山西麓，全场分布在炎陵县十都镇范围内。林场经营总面积59 170亩。

【文】刘奕楠　【图】智库　凌福堂

斑斓秋色款款而来，天空依旧湛蓝，山林挂上缤纷的果实。

秋风一吹，炎陵县桃源洞国有林场的红豆杉便依次戴上了"红耳钉"——枝头结满红通通的红豆杉果，美得让人心动。不过，只能饱眼福，不能饱口福，红豆杉的果实具有一定毒性。

林场内，大大小小的红豆杉上千株，年龄最大的已有600岁高寿。红豆杉是第四纪冰川遗留下来的古老树种，种子发芽率低，野生苗木少，1999年被列为国家一级珍稀濒危野生植物。人们为了保护它，特意到桃源洞国有林场收集野生种子，人工培育幼苗后再种回林场。

桃源洞国有林场赏秋正当时。这里森林植被丰富，森林组成复杂，林相不整齐，多为天然起源，人工林只占林地面积的13.5%。

梯田般的山坡上水杉树整齐地排列着，引领游人走进唯美的秋景图。山风掠过，水杉林落叶如雨，落在人头上身上，树下也铺上了一层厚厚的地毯。山间野果争相"露头"，一簇簇、一串串，点染着秋色。

"玲珑宝塔"挂枝头

◎汨罗市桃林国有林场

青松持旧貌，褐果换新颜。

○ ● ○

1974年，汨罗市桃林国有林场建立了湖南省第一个湿地松种子园，现已发展成全国第二大湿地松种子园。

步入林场，粗壮挺拔的湿地松遍布山野，傲冲云霄。圆锥形的松果硕大饱满，精致如玲珑宝塔，密集垂挂在松枝上，褐色外衣与苍翠松针相映成趣。新鲜采摘的松种均匀铺于地面，其后经过晒制、入库、发芽试验检测等工序，送到湖南省林业种子库，作为全省湿地松育苗良种分发往各地。

【小名片】汨罗市桃林国有林场，位于湖南省汨罗市桃林寺镇境内，土地总面积386.7公顷，林地340公顷，苗圃地26公顷，水田1.5公顷，森林覆盖率达92.6%。

【文】张航
【图】汨罗市桃林国有林场

猕猴桃熟了，猕猴们乐了

○张家界天子山国有林场

硕果压枝，猕猴乐园。

○ ● ○

【小名片】张家界天子山国有林场，位于张家界市武陵源区北部。处武陵山脉余脉，总面积2906.18公顷。林场属中亚热带湿润季风气候区，四季分明，光热雨水充足，山地气候特征明显。

【文】胡盼盼
【图】张家界天子山国有林场

金秋时节，天子山猕猴们迎来最快乐的时光，因为它们最爱的猕猴桃，已遍布山野。随处可见的野生猕猴桃树，被一串串猕猴桃压弯了枝头。

相比于猕猴桃，天子山的银杏果就没有这么受欢迎了。金灿灿的银杏叶在枝头摇曳，而银杏果掉落一地，无猕猴问津。

捡一颗银杏果，剥开闻闻，会有一股腐烂味。银杏果生吃苦涩，且刚摘下时有一点毒性，但经清水浸泡，毒性可去除。

见到"毛孩子"，忍不住想"打"

◎邵阳县五峰铺国有林场

秋风到，"毛孩"笑。

○ ● ○

【小名片】邵阳县五峰铺国有林场，位于邵阳县境东南。全场总面积1 781.9公顷，面积广阔，森林资源十分丰富，森林覆盖率达90.41%。

【文】刘奕楠　【图】蒋小波

秋天进山最时髦的事，莫过于打板栗。

邵阳县五峰铺国有林场内，一棵棵高高的板栗树上，结了不少"毛球"，远远看着，就像小刺猬。有一些在树上裂开，露出了饱满的栗子；有些熟透了，掉落在地上，藏在土里。

找到一棵板栗树，有经验的游客会先在树下扒一扒，然后用长长的竹竿敲打，"毛球"散落一地，再一一拾到筐里。顽皮的孩子则"嗖"地一下爬上板栗树敲枝干，树下的小伙伴都得站远些，一旦被"毛球"砸中，想想都疼。

吃过茶油，见过"抱子怀胎"的油茶树吗？

◎皇帝岭国有林场

秋日林场里，处处是惊喜。

○ ● ○

【小名片】皇帝岭国有林场，位于邵东市南部，森林覆盖率在85%以上。最高山峰海拔为685.5米，最低处为海拔210米，是湖南省湘江一级支流蒸水发源地之一。

【文】张航 【图】郑建树

邵阳地区历来有种植油茶的传统。皇帝岭国有林场拥有600亩油茶基地，年挂果10余万千克，年产值可达50万元。

眼下，皇帝岭国有林场油茶基地，漫山遍野的油茶树矮壮茂盛，油绿的树叶下掩藏着一个个蒴果。油茶的果实呈黄绿色、椭球形，远看与猕猴桃有几分相似，近看则会发现它的表面光滑无细毛。

油茶因特殊的生长习性，有花果同枝的现象，当地人风趣地称之为"抱子怀胎"。

长在树上的"鸡爪"，你吃过吗？

林间觅野果，重拾童年乐。

○ ● ○

【小名片】堡子岭国有林场,位于邵阳市绥宁县东南角,林地面积3 515.8公顷,其中生态公益林地2 298.9公顷、商品林地1 216.9公顷,森林覆盖率97.54%。

【文】张航　【图】谭勃

秋日进林场，最大的乐趣莫过于觅野果。在绥宁县堡子岭国有林场，藏身于林间沟谷的鸡爪果也悄然成熟，酝酿着一场不期而遇的喜悦。

远看像一串铃铛挂在木棍上，走近细看则如一个个"万"字叠在一起。秋日林

场里，造型奇特的鸡爪果只要出现，便成焦点。

鸡爪果学名为"拐枣"，在南方乡下长大的朋友想必对它并不陌生。放学后打拐枣，曾是不少人的童年记忆。鸡爪果虽然长相乖张，却是一种颇为美味的野果。

寒露
HANLU

桥头国有林场

——阳光照在橘林上，金灿灿，黄澄澄；一片金色
的海洋铺开；让人从眼到心都沉浸于秋的灿烂。

【图】李圣景

秋日林场，
处处惊喜②

可怜九月初三夜，
露似真珠月似弓。

——唐·白居易

秋之灿烂，橘之海洋

◦桥头国有林场

可怜九月初三夜，露似真珠月似弓。

○ ● ○

【小名片】桥头国有林场，位于邵阳市洞口县西南部，雪峰山东麓，距离县城8千米左右，总面积约2 859公顷，森林覆盖率超过95%，林场最高海拔1 232米，植被资源丰富，动物种类繁多。

林场内重峦叠嶂，形成许多瀑布池潭，水文景观丰富多彩。岩石经长期风化剥蚀和流水切割冲刷，形成以奇峰怪石为主要特征的独特地貌景观。

【文】彭雅惠　　【图】曾碧桃

　　阳光照在橘林上，金灿灿，黄澄澄，让人从眼到心都沉浸于秋的灿烂。邵阳洞口县西南部，雪峰山东麓的桥头国有林场，正铺开这样一片柑橘的金色海洋。

　　据《邵阳县志》记载，从宋徽宗政和年间起，邵阳地区就开始人工栽培蜜橘。清末，曾国藩率领的湘军从江浙带回黄橘、朱红橘等品种，洞口地区的农户经过长期精心培植与不断改良嫁接，终于培育出一种色泽鲜艳、皮薄肉嫩、无核多汁、甜酸适度的蜜橘新品种。到20世纪70年代初，经周恩来总理审定，这种蜜橘得到一个专有名——"雪峰蜜橘"。

　　雪峰蜜橘是典型的"橘生淮南则为橘，生于淮北则为枳"品种，需要特定的光热、雨水、气温和土壤配合，方能生成。桥头国有林场西北有雪峰山脉横亘，形成天然屏障，阻碍和削弱西北寒流的长驱直入，使山林具有冬暖夏凉、昼夜温差大的特点；林场土壤多由灰岩、板页岩和四级红土母质发育而成，土层深厚、有机质充足、疏松肥沃，且地下水资源丰富。诸多条件完美搭配，形成了培育雪峰蜜橘的绝好场地。

　　如今，林场里蜜橘缀满枝头，漫山遍野，灿烂之色照亮整座山头。

有一种野果叫"地菍"

◎安仁县大石国有林场

秋天的味道，有酸也有甜。

○ ● ○

【小名片】安仁县大石国有林场，
位于罗霄山脉余脉的安仁县城东南
部，距县城5千米，规划总面积9.24
万亩，土地总面积11.43万亩。

【文】刘奕楠
【图】安仁县大石国有林场

很多人的童年记忆，少不了各种野果子的味道。有一种野果叫"地菍"，从开花起，小伙伴们就眼巴巴地计算它的成熟日期，等着那熟悉的味道。

地菍在湖南多地有分布，在安仁县大石国有林场，随处可寻得。它们常常成片出现在林场灌木丛中，匍匐生长，开着淡雅的红紫小花，结果时香味四散。成熟的果子与蓝莓相像，红中带紫，个大饱满者往往被抢先采摘，吃到嘴里甜中带糯，有种细细的沙粒感。

最过瘾的吃法还是满满一捧直接塞进嘴里，这难免让嘴巴、衣服沾上紫色果汁，染得乌黑一片。大石国有林场内的"蓝果儿"不只有地菍，"女贞子"也悄悄爬满枝干，像一串串黑提，从8月一直挂到12月。不过，女贞子味道苦涩，不可直接食用。

到大石国有林场来一场秋游，还可以一饱眼福。林场连着大石水库，广阔的湖面分外平静。水库深处的杉树林，青色的叶子褪成了红色，最有秋天的气息。

当心！这种水果会"爆炸"

◎天鹅山国有林场

瓜果笑开颜，林场展新篇。

○ ● ○

【小名片】天鹅山国有林场，位于资兴市中部偏东。总面积6 683.37公顷，森林覆盖率为99.08%。

【文】张航　【图】天鹅山国有林场

金秋时节，瓜果飘香。在资兴市天鹅山国有林场，八月瓜迎来丰收，一个个硕大饱满的果实高挂枝头，奶甜的果香随风飘荡。

"八月瓜，九月炸，十月打来哄娃娃。"八月瓜是一种会"爆炸"的奇特水果，

它在农历八月进入果期，果实成熟后果皮会自然炸开，露出里面乳白透亮的果肉。

八月瓜富含有机酸、蛋白质及多种人体所需微量元素，食用后可疏肝理气、散瘀消结，还可以排解体内毒素，改善皮肤皱纹、色斑，是养颜美容、老少皆宜的保健水果。

口若含丹，风情万种

○郴州市国有实验林场

拟似玉人笑，深情暗自流。

○●○

【小名片】郴州市国有实验林场，位于郴州市骆仙岭，核心管理面积73公顷，联营面积813.3公顷。林场现保存植物199科1 063属2 635种，其中国家和湖南省地方重点保护植物75种。

【文】胡盼盼　【图】李玉明

秋干物燥，行走在林间，生怕擦出一丝火花，引燃整片森林。在郴州市国有实验林场，一排排高大笔直的醉香含笑，形成极佳的天然防火带，让人心安。

秋日，浓密的绿叶间，生出一串串褐色带白点的果子，等到12月，卵圆形的果子会炸开成2瓣，中间露出鲜红的子实体。这模样，如少女张开樱桃小嘴，颇为迷人。

醉香含笑果实好看却不好吃，炸开的果子掉落一地，倒是可以采集起来，来年用于开春播种。

进山寻秋，"柿柿如意"

◎资兴市滁口国有林场

秋天来一场跟柿子的偶遇。

○ ● ○

【小名片】资兴市滁口国有林场，始建于1958年，总面积12.26万亩，森林蓄积量54万立方米，森林覆盖率96%。

【文】刘奕楠　【图】资兴市滁口国有林场

金桂飘香柿子红，寒露时节正是林场采摘柿子的时候。

野生柿子尤为"珍贵"，能在小道旁找到那么稀稀拉拉几个，人们便如获至宝。摇一摇柿子树，掉下来的柿子煞是诱人，孩子们捡得不亦乐乎，体验一把收获的喜悦。

用手擦一擦，狠狠地咬上一口，简单的快乐涌上心头。

午后，走在林场小道上，一颗银杏果从枝头挣脱，在地上打了几个滚，便静静地躺下。

林场的一片板栗林，承载着很多小伙伴童年的梦想。熟透的板栗从树上跌落，小小果实便是最好的零食。

183

荬蒾红果，秋日惊喜

◎大湾国有林场

黄绿枝头红一点，动人秋色不须多。

○ ● ○

【小名片】大湾国有林场，位于邵阳市洞口县西南部，地处雪峰山东麓。总面积4.74万亩，生态公益林3.92万亩，森林蓄积量29.5万立方米，森林覆盖率95.10%。

【文】张航
【图】大湾国有林场

在洞口县大湾国有林场，红色的荬蒾果常于不经意间出现，将山林倏然点亮。

一串串通红莹亮、略似石榴籽的小果挂满枝头，与四周或黄或绿的草木一起构成明丽的秋日胜景。走近细看，会发现荬蒾果饱满精致，玲珑剔透，惹人喜爱。

荬蒾果不仅好看，而且好吃，尝起来酸酸甜甜，颇受小朋友青睐。由于果肉和果汁皆为红色，荬蒾果还适于做果酱，颜色怡人，独具风味。

漫山遍野寄相思

◎弥泉国有林场

天与秋光转，相思满山林。

○ ● ○

【小名片】弥泉国有林场，坐落于衡阳常宁市西南部塔山瑶族乡境内，距离城区35千米，经营面积约6 700公顷，森林覆盖率超过90%。

【文】彭雅惠　【图】徐春林　张帆

旱了许久，植物们从夏至秋苦苦支撑。在常宁市弥泉国有林场里，花榈木生命力依然旺盛，它们如期开花、结果，享受生命历程。遮天树冠上，数不尽的扁平果荚绽开，露出一颗颗"红宝石"。

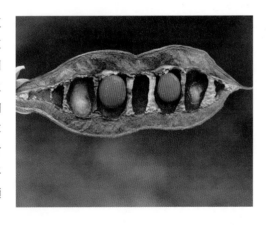

春夏时，要在密林中辨认花榈木，并不容易。这种高大的常绿乔木，树皮灰绿，羽状复叶，每片小叶大致呈椭圆，从表面看，着实没有显著特异之处。

但进入秋季，花榈木荚果成熟，就会向外袒露出鲜红晶莹的种子，这就十分惹眼了。

185

霜降
SHUANG JIANG

洞口县大湾国有林场

——暮秋，郊野草木枯黄，百花凋零之势，但是不缺乏迎霜而出的色彩。

【图】大湾国有林场

秋日林场，处处惊喜 ③

折松扫藜床，
秋果颜色鲜。

——唐·于鹄

雪峰山麓，遇见古老的"湖南饭"

◎月溪国有林场

五谷之精，百草之英。

○ ● ○

【小名片】月溪国有林场，位于雪峰山中段东麓洞口县月溪乡，中低山地貌类型，最高海拔1 890米，林场大部分位于海拔1 000米以上。

林场内森林茂盛、物种多样，有银杏、鹅掌楸、南方红豆杉、水青冈、篦子三尖杉、花榈木等珍贵树种，有野生药材天麻、黄连、黄蘖等，现创办了穇子种植加工合作社。

【文】彭雅惠　【图】月溪国有林场

过了中秋，洞口县月溪乡农户家时常飘出粮食的香甜味道。和料、捏团、揉粑、涂油、上蒸笼，一种褐红色的粑粑很快就做成了，咬一口，粗糙却香，一点不似南方常见的粮食粑粑那般软糯。对于长期只吃细粮的人来说，别有一番风味。

这就是穇子粑粑。穇子这种粮食，如今已很少有人见过，而2 000多年前它曾是国人的主要口粮。湖南雪峰山一带，自古便种植穇子，它们可生长在丘陵山地甚至高寒地带，对土壤要求不高，耐旱耐贫瘠能力超强，在粮食紧缺的日子里，填饱过很多人的肚子。然而，这种古老的谷物，产量远远低于玉米、杂交水稻等后起之秀，作为主粮口感也欠佳，于是渐渐被取代而销声匿迹。

风水轮流转。如今，科研人员发现，粗粮穇子富含膳食纤维、富硒、矿物质和含硫氨基酸，具有抗衰老、保护心脏、降低高血脂等功效，对糖尿病人尤其友好。

洞口县月溪国有林场里，一直延续着穇子的"香火"。现下，当地人更是将穇子作为致富的"特产"，广为种植。

步入林场，可遇见一种"杂草"，茎干直立，高不过腰，茎干顶端攒着一团团褐红的"絮"。把这些"絮"扒下来，就能收获颗粒极细的穇子。

吊瓜籽好吃，吊瓜能不能吃？

◎宜章县骑田国有林场

灿烂秋阳，瓜果飘香。

○ ● ○

【小名片】宜章县骑田国有林场，位于宜章县骑田岭最南端，经营面积8.98万亩，其中生态公益林面积5.6万亩，森林覆盖率达96%。

【文】胡盼盼　【图】肖孟军

这时节，走在宜章县骑田国有林场，会看到一种特别的瓜。它们有的攀着藤蔓，高高地挂在树枝上。有的爬在山坡上，圆滚滚地趴着。完全熟透的，变成橘黄色，样子有点像小南瓜。未熟的瓜皮还是绿色，足球般大小，有点像小西瓜。

它的名字叫吊瓜，又名栝楼。因其内瓤为稀浆状，当地人习惯将其称为屎冬瓜。

人们平时主要食用吊瓜的籽。经过晾晒、炒熟后，就可以吃到香喷喷的吊瓜籽。

拎着杆子打酸枣

◎桃花江国有林场

一筐一杆度一日。

○ ● ○

"出东门，过人桥，人桥底下一树枣，拎着杆子去打枣，青的多，红的少……"

野生酸枣树在桃江县桃花江国有林场分布很广，在海拔较低的地方随处可见。到了秋天，打野酸枣也成了秋游的一部分。

【小名片】桃花江国有林场，位于益阳市桃江县，地处雪峰山余脉，丘陵地貌。林场面积2 506.7公顷，活立木总蓄积44 385立方米，毛竹223.9万株，森林覆盖率96.1%。

【文】刘奕楠　【图】桃花江国有林场

当地人往往在酸枣成熟时大量收集，煮熟、去皮、去核、取肉，放进冰箱，到年底时将酸枣肉与少量红薯搅和在一起，蒸煮后做成片晾干，就成了酸酸甜甜的酸枣红薯片，比市面上普通的红薯片多了几分桃江风味。

一颗核桃在树上的模样，你见过吗？

◎荆竹国有林场

孕一江碧水，育四季硕果。

○ ● ○

【小名片】荆竹国有林场，位于蓝山县西南部，地属南岭山脉。总面积22.64万亩，其中商品林5.29万亩、生态公益林17.35万亩，森林活立木蓄积73.4万立方米。森林覆盖率达91%。

【文】张航　【图】荆竹国有林场

我们常吃的核桃，只是核桃果的内核。新鲜完整的核桃果，很多人可能没见过。

眼下，在蓝山县荆竹国有林场，天然的野核桃迎来成熟期，走进山中，便有机会一睹核桃的真容。

圆润饱满、油亮泛青，略似缩小版的青梨。褪去青色外衣，洗净晒干，它才变为我们熟悉的模样。

野核桃的果壳更加坚硬厚实，果仁较小且颜色浅，不过尝起来口感相当不错。

看看，这就是"甘棠遗爱"的甘棠

◎洞市国有林场

爱此如甘棠，谁云敢攀折。

○ ● ○

深秋，安化县洞市国有林场里，有一种成簇生长的野果在树梢悄悄由青变褐，弹珠大小的果子外皮布满浅色斑点，简单说就是沙梨的"迷你"型。这种野果确实也属于"梨"，它们叫棠梨，算世界上最小的梨。

【小名片】洞市国有林场，位于安化县南端，是我省最早建立的国有林场之一，总面积1 606.6公顷，森林覆盖率超过91%，平均海拔500米，久负盛名的"茶马古道"贯穿林场全境。

【文】彭雅惠　【图】王永忠

甘棠即棠梨。周成王时，召公是辅政重臣，他不愿百姓奔劳，就去往民间听取诉求，在甘棠树下搭建"临时办公点"。人民爱戴召公，他的故事最终在泱泱中华文明中化为成语"甘棠遗爱"，代代流传。

假如"红豆"长了刺，是否还能惹相思

◎祁阳市挂榜山国有林场

碧树丹珠，经冬不凋。

○●○

【小名片】祁阳市挂榜山国有林场，位于祁阳市东北部、祁山山脉中段，辖青峰岭、白鹤观、太白峰、解放岭4个国有林场工区。林场经营山林面积9 150亩。为湘江源头重要水源涵养林。

【文】胡盼盼　【图】伍春天

走在祁阳市挂榜山国有林场，枯黄的山林中，一丛油绿的树叶里，冒出一串串红色的圆豆子。

强烈的色彩对比，勾起无限遐思，让人忍不住想去采撷几枝"红豆"。可当你走近它，却不敢下手，那张牙舞爪的叶片，长满了刺齿。

它不是红豆，而是湖南乡间寻常可见的植物枸骨。虽然外形凶狠，但这副来者不善的模样，却极好地保护了枸骨果。

口香糖中加的是什么"药"？

◎白云山国有林场

千亩药园，芳香满溢。

○ ● ○

口香糖广告常宣称有清洁口腔的功效，这从何说起？答案就藏在石门县白云山国有林场。

深秋时节，走进白云山林场千亩厚朴林中，一个个硕大如玉米的果实，就是厚朴果。

【小名片】白云山国有林场，地处石门县中部。林场总面积3.2万亩，森林覆盖率92%。林场中药材植物种植面积广，其东北部有千亩药园，已经形成以杜仲、厚朴、黄柏等为主的中药材种植基地。

【文】刘奕楠　【图】白云山国有林场

去梗、晒干，厚朴果便可以中药材的身份上市。口香糖是怎么盯上厚朴的？研究发现，口香糖中联合使用厚朴提取物与月桂酰精氨酸乙酯，能抑制口腔牙菌斑和口腔链球菌。慢慢地，才有了益牙口香糖。

立冬
LIDONG

荆竹国有林场

——巍巍山林，不仅滋养了诸多天然野果，更孕育了湖南的母亲河。从涓涓细流到磅礴大河，湘江 948 千米壮阔征程从林场的野狗岭开启。

【图】荆竹国有林场

江湖欲雪，
山水浩荡①

小春此去无多日，
何处梅花一绽香。

——宋·仇远

到达即见美满

◙ 小溪国家级自然保护区

青泥何盘盘，百步九折萦岩峦。

○ ● ○

　　小溪，不仅是一条溪，在湘西土家族苗族自治州永顺县，它还是一处年平均气温只有12℃的国家级自然保护区。

　　夏季烈日炙烤，小溪国家级自然保护区始终清凉。并非"高处不

【小名片】小溪国家级自然保护区，地处永顺县东南部，属全球重点保护的200个生态圈之一，森林覆盖率达到92.5%。已查明拥有植物1 500多种、脊椎动物208种、昆虫738种。

【文】彭雅惠
【图】小溪国家级自然保护区

胜寒"，而是与保护区的森林有莫大关系。在这片最高海拔不到1 500米的区域，生长的是世界少有、"中南十三省唯一免遭第四纪冰川侵袭而幸存的"低海拔常绿阔叶原始次生林。

这里的浩渺林海，是由大自然亿万年演替而成，每一株树木都释放出原始古朴的气息，负氧离子浓度高得出奇。

格外凉爽的"小气候"，也与保护区内的水关系匪浅。除了确有一条名叫"小溪"的溪流，还有龙门溪、鱼泉溪、茶园溪、杉木溪自千米高山而下，各自蜿蜒，直到汇入"湘西血脉"酉水。

在溪水强烈的侵蚀切割下，保护区的侵蚀流水地貌和岩溶地貌同时发育，呈现出山地、山原、丘陵、岗地及向斜谷地等多种地貌。因此，一到达小溪，所见全是奇峰拔地、险峡深涧，飞瀑流泉，起伏夸张。对于纳凉、寻幽、探险者，实为胜地。

如此地形，恰是小溪得以保存原始面貌的原因，但也阻碍了内外交通。在陆上交通如此便捷的今天，去小溪的最佳选项仍是乘船走水路。

从沅陵凤滩水库附近"凤溪口"码头坐船前往"小溪码头"，沿途才不必被险而绕的山路所惊吓，沿着酉水画廊欣赏湖光山色，风景独好，心绪更佳。

白云生处，万物共生

◎白云山国家级自然保护区

远上寒山石径斜，白云生处有人家。

○ ● ○

【小名片】白云山国家级自然保护区，位于湘西北保靖县境内，占全县总面积的11.46%。该保护区以珍稀雉类为主要保护对象，是我国一级重点保护野生动物白颈长尾雉集中分布最多的区域之一。

【文】彭雅惠　　【图】新湖南

凭着酉水河纵贯全境、61条大小河流交错纵横的水运优势，保靖县成为"藏在深山"的湘西最早立郡置县之地。

如今当真来到保靖，人们受到的第一重震撼，却是望不尽的崇山峻岭。这座只有1 760.65平方千米的县城，大小山头竟有4 965个之多！其中，最高的那座叫白云山，据说高到"离天三尺三"，当地土家人视此山为圣山。

登山之旅，惊喜常有。沿路数不清的悬崖、奇峰、幽谷、溶洞，风景独绝。

惊心也不少。珍禽异兽时时出没，鹰鹘凌云盘旋，隐约可闻嗥叫之声。

动植物避难所

○八面山国家级自然保护区

离天三尺三，沟谷产银杉。

○ ● ○

【小名片】八面山国家级自然保护区，位于桂东县西部，蕴藏着丰富的野生动植物资源，包括银杉、南方红豆杉等国家一级保护植物，云豹、黄腹角雉等国家一级保护动物。

【文】胡盼盼　【图】邓海涛

感受南方山水的险峻与秀美，八面山是绝佳选择。

古谚云"八面山，离天三尺三，人过要低头，马过要去鞍"。八面山主峰海拔2 042米，为湖南省第四高山，海拔1 000米以上的山峰有1 600座！除了山高，这里沟谷纵横，山路险峻难行。

得益于独特地形地貌，山中银杉在冰河期幸免于难。目前，八面山是世界银杉保存数量较多、保存较为完整的地区之一。

逃过了冰川运动浩劫，八面山成了野生动植物们的乐园。白颈长尾雉、黄腹角雉等珍禽异兽时常露面，银杏、红豆杉、南方红豆杉等在这里广泛分布。

在鹰嘴界，遇见珍稀动植物

○鹰嘴界国家级自然保护区

万物有灵，自然生长。

○ ● ○

【小名片】鹰嘴界国家级自然保护区，位于怀化市会同县东南部，保护区内有银杏、红豆杉、南方红豆杉等国家一级保护野生植物；有穿山甲、小灵猫、白颈长尾雉等国家一级保护动物。

【文】胡盼盼　【图】黎小平

在鹰嘴界，遇见珍稀动植物是寻常之事。

这里有"植物活化石"龙虾花，微风拂来，花儿颤动，乍看如同活虾在蹦跳；有全国罕见的南方红豆杉群落，是第四纪冰川遗留下来的古老植物。

鹰嘴界北连雪峰山，南经湘西南山地与南岭山地相通，东接江南丘陵，是滇黔桂、华中、华南、华东动植物联通的通道。

留住时光的"绝代双骄"

◦桂阳南方红豆杉柔毛油杉省级自然保护区

顽强地生存，才能惊艳岁月。

○ ● ○

【小名片】桂阳南方红豆杉柔毛油杉省级自然保护区，分布有6 000余亩柔毛油杉，是目前全国面积最大、保存最好的柔毛油杉群。

【文】彭雅惠　　【图】欧阳常海

在有些地方，时间可能真的会停留。

比如郴州西南小城荷叶镇，第三纪冰川期孑遗植物柔毛油杉、第四纪冰川期孑遗植物南方红豆杉，仍在这里成群生长。

人们知道南方红豆杉是植物中的"活化石"，其实柔毛油杉更古老，虽也名"杉"，但它属于松科，是中国特有树种，目前仅留存于广西北部、贵州南部、湖南南部。在桂阳发现的柔毛油杉群落可算得上全国面积最大、保存最好。

山高路远，桃源深处

○桃源望阳山省级自然保护区
桃源深处，休养生息。

○●○

【小名片】桃源望阳山省级自然保护区，位于桃源县观音寺镇境内，保护区内有丰富的物种资源，记录到国家重点保护植物10种、国家重点保护野生动物3种，人们还在此发现了当地独特物种武陵黄芪。

【文】胡盼盼　【图】黄力

缘溪行，忘路之远近。忽逢酸枣林，树高大而笔直，叶细小而繁密。

在桃源县望阳山，有千亩酸枣林，因山高路远、环境幽闭，久久不为世人所知。

少了人类侵扰，却适合动植物们栖息生长。在望阳山的林子里，有第四纪冰川遗留下来的古老植物南方红豆杉，有珍稀濒危保护树种鹅掌楸……

别处罕见的胜景，在这里不胜枚举。

远古传说与古老植物纠缠于此

◎茶陵云阳山省级自然保护区

昔人已成仙，出没云山间。

○ ● ○

【小名片】茶陵云阳山省级自然保护区，位于株洲茶陵县西部，以保护峡谷、丹霞和岩溶地貌以及珍稀濒危动植物种群及其栖息生态环境为主。

【文】彭雅惠　【图】谭劲松

5 000多年前炎帝神农氏在湘东一座山里发现茶叶，从此开启了中华茶文化历史。之后，他继续穿行山中，遍尝"百草"，因误食断肠草"崩葬于茶乡之尾"。因这传说，中华大地有了一个地名——茶陵。

茶陵这座深深吸引神农氏的山，称作云阳山，山势秀美、灵气丰盈。据说云阳山有过龙，但已飘渺不可考，倒是"植物中的龙凤"的确存在。

2022年，林业专家在此发现500余亩国家珍稀濒危植物伯乐树种群，这是湖南已发现面积最大的伯乐树种群。

小雪
XIAOXUE

黄石寨

——雪后的石英砂岩峰林雄壮又妖娆，尽显
张家界最原始的美与神秘。

【图】邓道理

江湖欲雪，
山水浩荡②

莫怪虹无影，
如今小雪时

——唐·元稹

一方山水，遗世独立

◎龙山印家界省级自然保护区

两岸猿声啼不住，轻舟已过万重山。

○ ● ○

十万大山，也挡不住人类对美的向往。从张家界到袁家界，大湘西的美被发掘、被打开、被经营，但时至今日，印家界仍然遗世独立、不谙世事。

这个位于湘、鄂、渝三省交界处的自然保护区，看上去与张家界如出一辙，同样峰峦叠嶂、奇峰耸峙，同样溪河纵横、溶洞诡异，同样到处是绝壁和天坑。印家界自然保护区是我国中南地区面积较大、保存较为完整的亚热带森林生态系统，是连接武陵山脉自然保护区群的重要生态走廊。

【小名片】龙山印家界省级自然保护区，地处武陵山腹地，位于龙山、永顺两县交界之地，总面积12 835.1公顷。境内已记录有国家级保护植物70种，国家重点保护野生动物31种。

【文】彭雅惠　【图】刘善文

古老传承，使这片山林与其他森林不同，植物区系成分复杂，山区垂直分布规律带谱明显，而且珍稀植物特别多。难得一见的南方红豆杉、银杏、伯乐树、黄杉、香果树、银鹊树、马东木莲、伞花木、白辛树、毛红春、楠木等，在此都有种群。在专业人士眼中，这里的植物资源、区系成分、植被类型、分布规律，都在我国植物区系中占有重要位置，极具科学研究和保护价值。

特殊的森林环境，也"理所当然"地支撑了大量珍稀濒危动物"避世于一隅"。比如国家二级保护动物藏酋猴在这里始终保持着庞大的种群规模。

猛洞河从印家界北部进、南部出，穿过整个保护区。这个时节，如果乘船顺流而下，就能沉浸式体会"两岸猿声啼不住，轻舟已过万重山"。

武冈云山有"树王"

◎武冈云山省级自然保护区

揭开远古痕迹，回望生命源起。

○●○

【小名片】武冈云山省级自然保护区，位于武冈市西南部，地处雪峰山余脉云山大岭，记录有国家一级重点保护野生植物2种，国家二级重点保护野生植物9种，以云山命名的植物有云山钟萼木、云山白兰、云山木樨等24种。

【文】胡盼盼　【图】肖平利

　　"山不在高，有仙则名。"武冈云山，海拔不高，却常年云雾缭绕，宛如仙境。

　　1921年，奥地利著名植物学家韩马迪曾在此发现80多个植物新种，其中有20余种以云山命名。其中有一种，便是云山钟萼木。

　　这种珍贵树木是中国特有第三纪冰川期孑遗植物，受到国家一级重点保护。1989年，人们将云山钟萼木种子成功栽培到湖南省植物园，实现了就地保护和迁地保护"双重保障"。

曾经沧海，通向何方

◎万佛山省级自然保护区

曾经沧海，如今丹霞。

○ ● ○

远古时代，湖南也曾是海洋。

怀化市最南端的万佛山上，至今保存许多海洋生物的遗迹。地质学家考证认为，大约距今2亿年前，这片地区才结束"海浸历史"。

如今，万佛山有千峰万壑参差起伏，群峰都不算高绝，但如怒海波涌，早晚常见云海飘渺，峰顶时隐时现恍若蓬莱仙境。

在丹霞地貌和原始次生林交错下，万佛山内呈现出复杂地形带，峰谷之间形貌大体相似，山间小径千曲百折却也路路相通。游人初入山林，会感觉如同进入"迷魂阵"。

【小名片】万佛山省级自然保护区，位于怀化市通道侗族自治县，区内木本植物多达1 118种，地质学家们因此将其比作"绿色万里长城"。

【文】彭雅惠　【图】尹俊

211

黑茶故乡的生态名片

○安化红岩省级自然保护区

在山一隅，在水一方。

○●○

【小名片】安化红岩省级自然保护区，位于安化县东坪镇木子管区境内，有国家一、二级重点保护植物23种；国家一、二级重点保护动物18种。

【文】胡盼盼　【图】刘志华

　　在山一隅，在水一方，是多少人向往的诗意生活。

　　沿着安化县城向北行4千米，便可在崇山峻岭之间寻到"黑茶故乡"的生态名片——红岩自然保护区。走进莽莽大山之中，林木葱葱，难见天日。这里的溪水，四季清澈明净，是国家一级饮水源保护区。

　　好山好水育好人。居住在附近的村民们，多健康长寿，八九十岁的老人十分常见，大家称这里是"长寿山村，福地洞天"。

滚滚红尘，一方宁静

○花岩溪省级自然保护区

寻寻觅觅，只为一片心安净土。

○ ● ○

一行白鹭上青天，不仅存在于杜甫的诗里，也时时出现在盛夏的花岩溪省级自然保护区。

每年，来花岩溪的鹭鸟达到10万只，聚集处林海树梢白茫茫一片。只要一只白鹭开始展翅翱翔，就会有一群跟着翩跹起舞，绿茵茵的山头、水面，到处是飘逸仙姿。

还有无数的植物、动物，和鹭鸟一样，选择了这片宁静而秀美的山水为家。

滚滚红尘，寻寻觅觅，世间万物无不在找一片让自己心安的净土。

【小名片】花岩溪省级自然保护区，位于常德城南50千米处，与桃源、安化县交界。该保护区森林以杉、梓、松为主，共有野生植物1 089种，每年4-10月区内有约10万只鹭鸟。

【文】彭雅惠　【图】印葛生

青苔之上白瀑飞

○中方康龙省级自然保护区

青苔之上白瀑飞，疑似织女下凡来。

○●○

【小名片】中方康龙省级自然保护区，位于怀化市中南部，被誉为"动植物基因库"。区内有国家一、二级重点保护野生植物27种，国家一、二级重点保护野生动物25种。

【文】胡盼盼　【图】禹婷

溪凉高树合，卧石绿阴中。在中方县的康龙自然保护区，有一条无名溪水带着凉意穿山而下，平缓处可见波光云影共徘徊，陡峭处可见白瀑飞泻落地生花，唤作莲花瀑布。

寻常瀑布，多从光秃秃的岩石上淌下。莲花瀑布则是从常绿的青苔上飞泻，一青一白，一动一静，尤为有趣。

飞流而下时，瀑布如同天上织女撒落银线向人间；在岩石间曲折婉转时，点滴水珠晶莹如珠帘，颇为可爱。

神秘的"神仙窝"

◎三道坑省级自然保护区

风光在险地，道路古来难。

○ ● ○

【小名片】三道坑省级自然保护区，位于芷江侗族自治县北部五郎溪境内，分布着大片亚热带原始次生林，生物种类繁多。

【文】彭雅惠　【图】郑春秋

被名字耽误的美景，芷江三道坑省级自然保护区得算一个。

三道坑，实际上并不是三个坑，而是三条长数千米的幽深峡谷，景致独特，被当地人赞为"神仙窝"。

泉石、老树、枯藤临曲径，花鸟鱼虫听蛙声，这些常见"元素"在三道坑摆出千姿百态的组合。

一道坑，青山陡峭相对出，白瀑倒悬，自成幽境。

二道坑，飞流未见先闻音，瀑布在绝壁间腾翻，白浪如雪。

三道坑，悬崖垂直破天上，不通游道，只有丹岩素瀑、乱石穿流，美得震撼人心。

大雪
DAXUE

阳明山万和湖

青山叠翠，平湖如镜，雪后的湖水依然轻柔，
廊亭栈道覆上岁月之痕更有诗情画意。

【图】双牌县国有阳明山林场

岁月不居，
奇景长留①

不知庭霰今朝落，
疑是林花昨夜开。
——唐·宋之问

3株树，1个自然保护区

○洛塔自然保护区

强悍的生命，也需要精心呵护。

○ ● ○

【小名片】洛塔自然保护区，位于龙山县中部，主要保护对象为天然古水杉。经中国科学院南京地质古生物研究所专家研究发现，保护区内一株古水杉形态特征大多与化石水杉相似，可能为化石水杉的直接后裔，具有极为重要的科研价值。

【文】彭雅惠　【图】邓召

这世间永恒不变的，只有变化。

恐龙时代，水杉曾广布地球各地。白垩纪沉积地层里的植物化石，常能见到它们的身影。

但距今约2600万年时，地球发生改变，一段40万年的剧烈降温开始。两极冰川大规模延伸摧毁了大片曾经茂密的森林。许多植物遭遇了和恐龙同样的命运。在这时期之后的地层里，人们没有再发现过水杉化石。

时光荏苒，万年一瞬。1943年，烽火硝烟中，植物学家找到湖北利川一带民间传说中的"神树"采集标本。经过多方辗转鉴定，人们最终确定，这份标本与水杉化石如出一辙，但它是活的！

人们猜测，是第四纪冰川期隆起的喜马拉雅山脉以及一系列大规模东西走向的山系，无意中为中国南方一些动植物形成了"避难所"。

按照这个思路，植物学家在湘西土家族苗族自治州龙山县洛塔乡境内，寻找到3株天然古水杉，树龄都超过了1 000岁。并且，这里的水杉是湘鄂两地现存古水杉中，唯一具有化石水杉特殊结构的，这对于研究水杉基因、提升其遗传多样性，具有极高价值。

为了尽最大能力保护珍贵的古水杉，1982年，湖南省政府批准成立洛塔自然保护区。为保护3株树建立自然保护区，这在全国是个特例，洛塔自然保护区也成为我国最小的省级自然保护区。

谁来佑护"神迹"之地

◎凤凰九重岩省级自然保护区

古来佛圣空留迹，远去神仙唤不回。

○●○

【小名片】凤凰九重岩省级自然保护区，位于凤凰县南端，为湘贵两省分水岭，已查明有国家一、二级保护野生植物16种，国家一、二级保护野生动物70余种。

【文】彭雅惠　【图】田连清

在"边城"凤凰县的群山之中，九重岩格外不同。其海拔仅910米，却是"边城"最险峻的山峰之一。

仿佛与"九重天"对应，此山也分九层，每层皆是高数十米的绝壁。

科学调研团队发现，九重岩中低海拔原生态动植物资源丰富而宝贵，水杉、珙桐、云豹、穿山甲等"国宝"都有记录在此发现。

2002年，九重岩省级自然保护区成立。从此，这个人们来"祈求佑护"的地方变成了被人类来佑护的地方。

天桥山上这对"姊妹"
美了2000多年

◎泸溪天桥山省级自然保护区
绚烂不止一秋。

○ ● ○

【小名片】泸溪天桥山省级自然保
护区，位于湘西土家族苗族自治州
泸溪县，森林覆盖率达86.5%。有国
家一、二级保护野生植物27种，发
现湖南新记录物种13种。

【文】胡盼盼　【图】杨和平

湘西多大山，仅泸溪县境内，就有2000多座山峰。海拔只有776.5米的天桥山，名气却不小。山上华岩阁正门的"天桥山"三字，乃唐代著名诗人王昌龄亲笔题写。

华岩阁附近有一株古银杏树，如今已有2600多岁，是湖南银杏"树王"。相隔十里之外，还有一株2300多岁的古银杏树遥遥相望。人们称之"姊妹"银杏。

多年来，天桥山上这对长寿"姊妹"总是红带飘飞，将人们的祈盼送往远方。

三国古战场，仙鸟栖息地

○临湘黄盖湖省级自然保护区

滚滚滔滔，道不尽历史沉浮。

○ ● ○

【小名片】临湘黄盖湖省级自然保护区，以长江中游南岸的黄盖湖为核心区域，共记录有国家二级以上保护动物18种、国家一级保护植物莼菜和10余种国家二级保护植物。

【文】胡盼盼　【图】张诚高

清康熙《临湘县志》记载："黄盖湖……相传赤壁鏖兵时，黄盖被箭沉江，后论功，孙权以此湖赐，盖故名。"

赤壁之战的1800多年后，一场围绕黄盖湖生态保护水陆并进的"现代赤壁之战"，在临湘打响。周边养殖场全面退养、启动十年禁渔、实施雨污分流……

经过数年努力，黄盖湖生态得到明显恢复，成为湖南第二大越冬候鸟栖息地，多年不见的珍稀鱼类也陆续重现。

亿万年运动，地底下奇观

◎大义山省级自然保护区

有些美，不在表面。

○ ● ○

【小名片】大义山省级自然保护区，位于湖南常宁市境内，有国家一、二级保护野生植物34种，国家二级保护野生动物19种，"三有"保护动物103种，湖南省地方重点保护动物91种。

【文】胡盼盼　【图】周春林

南岭北麓，常宁东南，大义山自南向北绵延数百里。

地质剖面显示，大义山地区曾是波涛汹涌的大海，随着地壳运动隆升。山底的花岗岩，由于具有典型断裂方向，造就地质学界一个重要名称——大义山式断裂。

在这片独特的地底下，还蕴藏着丰富的煤、锡、铜、硼、汞、高岭土等矿产资源。汉朝时，大义山就开始兴办荍源银场，宋朝时荍源银场成为全国著名银场。

国宝为啥接二连三爱上"垸"

◎集成麋鹿省级自然保护区

一念之变，万类新生。

○ ● ○

【小名片】集成麋鹿省级自然保护区，位于华容县东北角的集成垸，是长江下游荆江河段的一个江心垸。其核心区是湿地生态系统及麋鹿等珍稀濒危野生动物和生物多样性的集中分布地。

【文】彭雅惠　【图】徐典波

在湖南，你总能不时遇见"垸"——湖泊地带挡水的堤圩，以及所围住的地区。

在华容县东北角的集成垸，3 070公顷浩瀚水面和广袤湿地、滩涂一同孕育出极其丰富的水生动植物。

被长江洪水逼得从湖北泅渡入湘的国家一级重点保护动物麋鹿，在集成垸发展壮大；"水中大熊猫"、国家一级重点保护动物长江江豚在此找到故土家园；2022年，140多只世界濒危珍禽黑鹳聚集于此，带给世人大大惊喜。

湘西这片"野地"
有多少人的童年记忆？

◦张家界索溪峪省级自然保护区

也许你不曾去过那里，但它早已走进你的记忆里。

○ ● ○

【小名片】张家界索溪峪省级自然保护区，位于张家界市武陵源区中部，记录有国家一、二级保护植物40种，有国家重点保护动物大鲵、虎纹蛙、猕猴等。

【文】胡盼盼　【图】吴勇兵

奇峰三千、秀水八百。索溪峪因不凡景致，经常出现在影视剧和文学作品中。

《西游记》的花果山便取景索溪峪区域内的金鞭溪。延绵5千米的溪水，穿行在峰峦幽谷间，迤逦蜿蜒于鸟语花香之中，四季不竭，清澈见底。

索溪峪的核心景区被称为十里画廊，奇峰林立，移步换景。为达到"人游山峡里，宛如画图中"的效果，湖南经典动画《虹猫蓝兔》取景于此。

冬至
DONGZHI

安化云台山风景区

——这座山异常安静，群峰连绵，山顶平阔，终年云雾缭绕。当阳光从云层透出，蓝天展开，当真仙境气派。

岁月不居，奇景长留②

岸容待腊将舒柳，
山意冲寒欲放梅。
——唐·杜甫

半面青山，半面云

◎东台山国家森林公园

林为精魂，人成底蕴。

○ ● ○

寒冬时节，晴、雨、雪交织，成全了湘乡市东台山国家森林公园的美丽。

来不及消散的云雾在林间升腾，山川树木影绰绰、水墨色调，一派飘渺仙境之感。放眼眺望，云雾间若隐若现的城市，如天空之城。

【小名片】东台山国家森林公园，位于湘乡涟水之滨，森林覆盖率达95.45%，辖东台山、塔子山、狮子山，界定国家级二级公益林面积约336公顷。园内主要以松、杉为主，还有许多观赏型阔叶树种，动物种类繁多。

【文】彭雅惠　【图】湘潭市林业局

待到雨雪停歇，太阳升起，才能看清楚，这片国家森林公园如此繁茂，松、杉、银杏、苏铁、红花檵木等，树种繁多，四季皆可出彩。有时，穿山甲、小灵猫、豪猪、青鼬、田毛猪及各种蛇类也会与人类"狭路相逢"。

凭山俯瞰，山脚是一片河谷平地，涟水从西南而来，到达山脚段时突然"加速"奔向东北。如果把悠长圆弧状的涟水河道视为一个盘，那么，东台山真是"白银盘里一青螺"。

这片山林不仅展现自然，还讲述着人文故事。

当年毛泽东求学的东山学校就在山的脚下。毛泽东与肖家兄弟搞农村社会调查，就是从这里出发，行程第一站是搭乘渡船过涟水，然后折向去湘潭的大路，现在这种渡船还漂在涟水上。因此，这里成为"毛泽东成长之路"精品红色旅游线路上的一个重要节点。

山脚东山湖中心有座金鸭岛，岛上有湘军"点将台"。曾国藩领导的湘军核心队伍之一——吉字营，都是湘乡子弟，千军万马曾坐着船从涟水走向战场，也用船装着金银财宝从涟水上岸走进湘中深处。可以想见，从东台山俯瞰涟水，曾经满眼都是威风凛凛的官船。

历史沉积为山的底蕴，这座国家森林公园，既有繁茂自然，又有深厚人文，成为一处独特的自然景观。

白龙洞中藏"魔镜"

◎白水洞国家级风景名胜区

宛如仙境，别有洞天。

○ ● ○

【小名片】白水洞国家级风景名胜区，位于湘中新邵县境内，地质景观有"高峡平湖"罗山湖、"溶洞博物馆"白龙洞、"地质奇观"一线天等。

【文】刘奕楠　【图】邵阳市林业局

在白水洞景区，峡谷地貌、喀斯特地貌、崩塌堆积地貌、流水侵蚀地貌交织，成就了无数奇景。

峡谷里，有着来自第二纪冰川时期的杰作"白龙洞"，亦名"白龙神宫"。

洞中有一处仙境般的"海底世界"，正中间是一洼浅水。在离岸不远的水中，有一方八仙桌大小的石头，石头的正中央，有一根短而大的石笋。

按光的传播原理，这根石笋的根部，是无论如何也不可能出现在水中的，但在这里，石笋完整地出现了倒影中。这"魔镜"的奥妙，至今无人能解。

竹林深处寄幽欣

◎四方山省级森林公园
万竿如玉翠沉沉。

○ ● ●

【小名片】四方山省级森林公园，
位于衡东县东南部，总面积2万余
亩，有着"百万翠竹林"奇观。

【文】刘奕楠
【图】衡阳市林业局

林海簇拥百花，花木点缀林海。四方山森林公园是一座植物王国，一年四季都有让人留恋的理由。

竹海当属这里的主角，20多万亩连片的纯楠竹林，为中国仅有。走入竹海，千竿列陈，漫无边际。其中有楠竹、方竹、实竹等58个品种，每公顷平均立竹高达3 000多株，位居湖南省之冠。

风起时，碧浪翻滚；风止后，娴静轻柔。这里有中国最长的翠竹画廊，被人誉为"翡翠长廊"，是赏竹的最理想通道。漫步林间，耳边竹涛阵阵，空气中饱含竹叶清香，如置身世外桃源。

有峰高出惊涛上

◎五盖山省级森林公园

云海漾空阔，风露凛高寒。

○ ● ○

【小名片】五盖山省级森林公园，位于郴州市苏仙区东南部，森林覆盖率99.35%。有国家一级保护植物伯乐树、红豆杉，二级保护植物香果树、篦子三尖杉等。

【文】刘奕楠　【图】郴州市林业局

云海漾空阔，风露凛高寒。人们对五盖山的印象往往是"云里雾里"。

雨后的五盖山空气潮湿，太阳如果在这会儿"露脸"，水汽便会遇热上升，"爬"到一定高度后遇冷成云，再平铺开来。人若在山顶观察，看到的就是云海；若处在半山腰，看到的便是云雾。

云遮雾盖，树木葱茏。这里既有高山草原植被，又有亚热带原始阔叶林。2017年，两株千岁古银杏被人发现。这对"夫妻古银杏"有1 100多岁，虽树干空心，但枝繁叶茂。

湘江由此始

◦湘江源国家森林公园

饮其流者怀其源。

○ ● ○

湘江，孕育着三湘儿女，承载着湖湘文化。《山海经》中有言：湘水出舜葬东南陬，西环之。此中记载的湘江源头就在舜的葬地——九嶷山东南角的潇水，也就是永州市蓝山县。

来到蓝山县湘江源国家森林公园，映入眼帘的是一片醉人的绿。全国面积最大的斑竹林、中南最大的福建柏群落、湖南面积最大的甜槠林，深深浅浅、浓浓淡淡的绿画在大地上。行走其间，空气清新，一泓清流从密林丛中喷涌而出，沿着山涧飞奔而下，石阶间的落差成就了无数个小瀑布。

【小名片】湘江源国家森林公园，位于蓝山县西南部。记录有国家重点保护植物16种、国家重点保护野生动物30种。

【文】刘奕楠
【图】永州市林业局

233

三步一风景，五步一人文

◎岳麓山风景名胜区

一山青翠，满眼云烟。

○●○

【小名片】岳麓山风景
名胜区，由低山丘陵、
自然动植物以及文化古
迹等组成。景区内稀有
珍贵的濒危树种主要有
皂荚、椤木、石楠等。

【文】刘奕楠
【图】长沙市林业局

一年四季，岳麓山上，游人如织。尤其
是深秋，岳麓山有独特红枫景观，为中国四
大赏枫胜地之一。爱晚亭附近，是岳麓山枫
叶的最佳观赏点之一。

人们常说，一座岳麓山，半部湖湘史。
岳麓山的每一处院落、每一块石碑、每一枚
砖瓦，都闪烁着时光淬炼的人文精神。"惟
楚有才，于斯为盛"，岳麓书院历经千年，
弦歌不绝；麓山忠烈祠在抗日战争史上写下辉煌的一页；一句"停车
坐爱枫林晚，霜叶红于二月花"从唐代传诵至今……

古老河道上驰魂宕魄

◎猛洞河风景名胜区

在古老的河道上，顺水漂流，随心徜徉。

○ ● ○

【小名片】猛洞河风景名胜区，位于湘西土家族苗族自治州境内。猛洞河全长100多千米，仅永顺县城至龙头峡一段，就有峡关50多个，曲折100多处，溶洞300多个。

【文】刘奕楠
【图】湘西土家族苗族自治州林业局

山猛似虎，水急如龙。被武陵山脉环抱的猛洞河滩多浪急，峡谷幽深。

河两岸，古木苍天，郁郁葱葱。晴好天气，成群猕猴在猛洞河畔蹦来蹦去，林中还生活着猴面鹰、金鸡等百余种珍禽异兽。

来猛洞河游玩的人，可不满足于这份安逸。猛洞河素有"天下第一漂"之称。从哈尼宫放舟而下，一路是古老的河道，野性十足的水流会带你看遍壮美的瀑布群。河道两旁林木苍翠、云雾缭绕，人在景中行。

小寒
XIAOHAN

五盖山森林公园

——霜雪云雾露盖山头。五盖山因峰顶常年被霜、雪、云、雾、露所盖而得名。

林中之邑，
清浅冬阳①

冻云垂地北风颠，
妆点江湖欲雪天。

——宋·李光

莽莽青山，横空出世

○莽山

上观碧落星辰近，下视红尘世界遥。

○●○

湘粤分界，宜章最南，放眼四望，叠叠云层推拥着黛蓝色山脉扑面而来。这里是山的王国，万山合沓，波谲云诡，而万山之王则非苍莽巍峨的莽山莫属。

宜章人说，莽山因林海苍莽、蟒蛇出没而得名。不过，民国版《宜章县志·山志》载明："山势磅礴，延袤六十余里，有九十九峰，如寒芦在宿莽中，总名莽山。"

【小名片】莽山，位于郴州市宜章县南部，是湖南最早的自然保护地之一，总面积19 833公顷。已记录国家一级重点保护野生动物9种，国家一级重点保护野生植物2种。

【文】彭雅惠
【图】郭立亮　邓加亮

隆冬时节，升腾的水雾在山峦起伏中幻化为云海，奇峰、怪石、古木，"佛光"随着云海弥漫若隐若现。

如此"不似人间"之地，生活着一支古老的瑶民，至今保持传统的民族习俗，他们自认是伏羲女娲直系后裔。传说中的女娲人面蛇身，在莽山，她把人性分给了瑶民继承，把蛇性分给了"小青龙"。因此，山中瑶民认为自己和"小青龙"有着血脉相连的关系，将"小青龙"作为氏族图腾守护亲人。

神秘的"小青龙"隐居在莽山的原始密林，长久以来人们不识其真面目。

1989年，"蛇博士"陈远辉在莽山深处找到一种从未见过的毒蛇，蛇头部呈三角形，宛如一块烙铁，还有一条白色尾巴。

这，便是日后闻名遐迩的"莽山烙铁头"，国家一级重点保护野生动物，也是瑶民图腾"小青龙"的原型。

莽莽青山，藏起的秘密不止于此。2万公顷原始森林区域内，白豆杉、穗花杉、长苞铁杉等罕见裸子植物大量成群分布，南岭紫茎、倒卵叶青冈、大果安息香等独有或濒危植物有了避难所。这些古老的物种如何历经环境巨变繁衍至今，仍然等待人们揭晓答案。

人间晨曦看遍，最是东江动人

◎东江湖风景名胜区

一杆渔火，一脉江山。

○●○

【小名片】东江湖风景名胜区，位于资兴境内，景观资源以山清水秀、绿屿凌波的东江湖为主体，以神奇拱坝、雾漫奇景、兜率灵岩为特色。

【文】刘奕楠　【图】徐行

清晨，城市还在睡梦中，郴州东江湖的观雾栈道悄然站满了人，等天色一亮，雾漫小东江的奇景显现。

烟波浩渺、澄澈见底的东江湖，常年水温8℃~12℃，造就了低水温、高溶氧环境，成为虹鳟的天堂。

东江沿岸十八弯，湖中有岛三十座，其中最大的要数兜率岛。兜率溶洞已有270万年以上的历史，洞中钟乳倒悬，柱石擎天。身临其境，犹入太虚幻境。

"人间天上一湖水，万千景象在其中。"游过东江湖归来，犹如一场潇湘梦醒。

壮阔熊峰，万山来朝

○熊峰山国家森林公园
雾后山光淡复浓。

○ ● ○

安仁县东南部，罗霄山脉余威不止，群峰掩映中，一座高山峻拔雄伟，状若熊姿蟑然而踞，得名"熊峰山"。

有人曾总结熊峰山"四时四景"：绿肥红瘦色斑斓，日耀熊峰炫翠峦；夕照晚霞天际潋，雾凇林海溢清寒。

众多景观中，"熊峡红霞"最为知名。

熊峰山和大石岭对峙形成峡谷，永乐江蜿蜒其间。夏秋时节，晨昏时分，红霞辉映，水天一色，群峰尽染。清代诗人何维忠曾作诗赞叹："雾后山光淡复浓，双尖律兀是熊峰。夕阳铺遍层层锦，一片晴霞峡口封。"

【小名片】熊峰山国家森林公园，坐落于安仁县东南部，由熊峰山景区、猴昙仙景区、九龙庵景区和龙脊山景区组成。

【文】张航
【图】郴州市林业局

红与绿，演绎极致诗情画意

○飞天山国家地质公园

绝美的谢幕，最不可错过。

○ ● ○

【小名片】飞天山国家地质
公园，位于郴州市苏仙区东北
部，集山、水、林、洞、佛于
一体，聚雄、奇、险、峻、秀
于一身。

【文】彭雅惠
【图】郴州市林业局

　　在郴州飞天山，大自然化身顶级艺术家，将红绿相遇的诗情画意
演绎到了极致。

　　飞天山是郴州丹霞分布的核心区域，生长3.2亿年后，大山成为
典型的暮年丹霞，陡直的峰柱消失，取而代之的是平缓的紫红色砂岩
"底座"。

　　清冷冬日，红岩大地广袤而不单调，一条翠江川流不息，将小东
江的美蔓延入山。朝晖中，袅袅水雾游离丹霞与绿水间，出尘脱俗，
江山如画。

　　难怪380多年前，徐霞客游历飞天山，留下"无寸土不丽，无一山
不奇"的感慨。

水碧山青，唱一曲不老的生命之歌

天鹅山国家森林公园

天鹅临仙山，万物生光辉。

○ ● ○

古树参天，云雾缭绕，置身天鹅山顶，如临仙境。历经岁月、坚守山巅的银杉树见证着天鹅山的历史，这里的银杉数量居湖南之首，被列为全球条件最好、种数最多的群落。

除了银杉，景烈白兰、红花木莲、银雀树、红豆杉等珍稀植物在此生长，黄腹角雉、白颈长尾雉、猕猴、穿山甲、大灵猫等野生动物常年于此栖息。

物换星移，天鹅山始终矗立，山上的故事年复一年。

【小名片】天鹅山国家森林公园，位于罗霄山脉南端，资兴市中部偏东，森林覆盖率99.08%，拥有原始次生林和全国稀有的银杉植物群落及国家重点保护植物景烈白兰、红花木莲、银雀树、红豆杉等。

【文】刘奕楠
【图】孙岗 曹江平

山不在高，有仙则灵

○苏仙岭–万华岩风景名胜区

自古名山多俊材，此山更有逸仙来。

○ ● ○

【小名片】苏仙岭–万华岩风景名胜区位于郴州市郊，由苏仙岭、万华岩、东塔岭、仙岭湖4个景区组成，名气最大的当属苏仙岭、万华岩。

【文】刘奕楠
【图】邓旭华　王敏

初闻苏仙岭，多源于秦观那一首《踏莎行》："郴江幸自绕郴山，为谁流下潇湘去？"

登上苏仙岭，一边是绵延几十千米的骑田岭余脉风光，一边是郴城人间烟火气；一头是始建于西汉的道观古刹，一头是现代化全钢架结构的福地仙桥。古与今、自然与城市完美交汇于此。

万华岩与苏仙岭，一明一暗，形成鲜明对比。万华岩属典型的岩溶地貌，洞里的石蟒、石狮、石镰、石鹤、石树、石花、石钟、石幔、石田等溶岩精品千姿百态。

世界上海拔最高的天生石桥坐落于此

◎齐云峰国家森林公园

山与壁云齐，桥是天然生。

【小名片】齐云峰国家森林公园，由南华、三台山、齐云峰三大片区组成，据考察有国家重点保护野生植物16种，国家重点保护野生动物26种。

【文】刘奕楠
【图】童迪

大自然的鬼斧神工在桂东县齐云峰展现得淋漓尽致。

在景区内的白马山，一整块长38.6米、宽1.75~2.1米的青色巨石，飞架两座山峰而形成一座天然石桥，名为仙缘桥。2015年，仙缘桥被认证为世界上海拔最高的天生石桥，入选"大世界吉尼斯之最"。

大自然是偏爱齐云峰的，除了惊艳世界的石桥，还有一条隐藏的小河，名为小水江。小水江源于齐云峰，流经普乐镇上庄村，穿过数万亩原始森林，注入汝城。

大寒
DAHAN

热水汤河风景名胜区

在二省交界的南国天山大草原和气势恢宏的
飞水寨瀑布间，蕴藏着得天独厚的地热资源，
大自然尤其宠爱着热水汤河。

【图】郴州市林业局

林中之邑，
清浅冬阳②

雪尽南坡雁北飞，
草根春意胜春晖。
——唐·裴夷直

出尘脱俗，邀您入画

◎九龙江国家森林公园

郴江幸自绕郴山，为谁流下潇湘去。

○ ● ○

湘、粤、赣交汇之地，山重水叠，自带遗世孑立的神秘气质，"鸡鸣三省，水注三江"的汝城县恰在交汇中心位置。传说，这里以水分土，现阴阳两极，构成一幅天然太极图。在汝城，路随山转，抬眼总能望见云缭山巅，如仙气蒸腾。

亲近云烟中的山水，九龙江国家森林公园是好去处。走入景区大门，立即进入"另一个世界"，与喧嚣隔绝，一幅美丽画卷瞬间铺开。

画卷中，近100平方千米原始次生林，保存着完整的南岭山脉低海拔沟谷阔叶林，古树参天、亭亭如盖。穿行林中，是一场与奇花异草频频相遇的约会，挡住去路的"原住民"往往就在国家重点保护野生植物名录上。

画卷中，发源于诸广山南端的9条溪水弯弯曲曲地奔流在奇峰怪石间，留下难计其数的瀑布、急滩和深潭。溯流而上，绝壁孤峰夹面挤来，咄咄逼人；路窄苔滑，曲折弯绕，一时间辨不清东西南北。

画卷中，攀藤附葛，各张其势，或牵或挂，仿若青蛇白蟒出没山林，常常一晃神就胆战心惊。

画卷中，湖广古驿道、古炮楼、古驿站、古凉亭、太平天国兵马演练场、晒袍岭、寺庙遗址残垣无言，但有心人总能触及每一处收藏的历史传奇。

这一季冬日，邀您暂脱茫茫红尘，入一幅让身心轻灵的画境。

【小名片】九龙江国家森林公园，位于郴州市汝城县境内，地处南岭山脉中部和罗霄山脉南端交接处，森林覆盖率达97.4%，属亚热带季风性湿润气候区，最高海拔为1 403.6米，最低海拔185米，形成了1 218.6米的相对高差。保存有完整的原始次生林群落及南岭山脉低海拔沟谷阔叶林，有植物2 800多种、野生脊椎动物256种。

【文】彭雅惠
【图】郴州市林业局

守护"守护者"的故事

◎泗洲山国家石漠公园

在石头上种树，于逆境里开花。

○ ● ○

【小名片】泗洲山国家石漠公园，面积约1 800公顷，属喀斯特裸岩岗地大型石芽地貌，有石芽、石林、石墙、天坑等景观类型。

【文】彭雅惠　【图】郭宜庚

楚尾湘源有县桂阳，乃山多之地。其中最不可忽视的是泗洲山。

千百年来，泗洲山好似一道天然屏障，庇佑着桂阳。

泗洲山是典型的喀斯特地貌，这种地貌存水极难、受环境侵蚀影响又极大。随着时光推移，土瘦、水枯、林衰，最终产生石漠化。

为遏制泗洲山石漠化，近几十年来，当地人坚持不懈开山凿石、客土造林，人工恢复了大量植被。

如今，泗洲山已成为保护岩溶生态系统及其生态环境"样本"的国家级石漠公园。人们成功守护了自己的"守护者"。

石漠公园，不只看石头

◎赤石国家石漠公园

嶙峋石漠，亦是好风景。

○ ● ○

【小名片】赤石国家石漠公园，地处宜章县赤石乡内，是一座以生态保护、峰丛峡谷观光为主题的生态保护型公园。

【文】张航
【图】郴州市林业局

石漠公园只能看石头吗？

宜章县赤石国家石漠公园会告诉你答案。

观怪石岩溶。公园内溶洞成群，洞内石笋、石旗、石幔、石柱等千奇百怪。在九子岭，石林景观千姿百态、包罗万象，有的像剑，有的似锥，惟妙惟肖。

赏自然风光。公园内，清澈的渔溪河静静流淌，两岸绝壁，峰峦叠嶂。还有汇溪大峡谷和新坪瀑布，水势磅礴，宏伟壮观。

品人文景观。历史悠久的城东书院、将军庙，工艺独特的回澜桥，世界上主跨最长的高墩多塔混凝土斜拉桥——赤石大桥……

沿河而行，路过人生

◎钟水河国家湿地公园

生命过程的起伏，构成了生动的美。

○ ● ○

【小名片】钟水河国家湿地公园，位于郴州市嘉禾县，主体为钟水河，湿地面积268.77公顷，共有数百种珍稀动植物。

【文】彭雅惠　【图】郴州市林业局

郴州西隅，嘉禾县内，丘陵山地连绵，经由钟水河等数条河流切分。

钟水河流经山川、峡谷，河道迂回滩多，水流回旋湍急。

行走于如此湿地，一路高高低低、回回转转的路途，犹如人生之跌宕起伏，辛劳困苦中自有美景胜迹。

考古发现，钟水河两岸有许多先民生产生活遗址，先后发现过石器时代的石斧、石磬，战国时期的青铜剑、青铜矛等。

河水流去，逝者如斯，依水而生的湿地仍旧岁岁年年。或许，探寻历史长河中无数的人生，也能在徜徉湿地时略得一二。

碧水丹霞间，一缕药香萦绕

◎永乐江国家湿地公园
碧水丹霞，遍地药香。

○ ● ○

【小名片】永乐江国家湿地公园位于安仁县城西侧，具有典型河流湿地的水系地貌和水环境特征，拥有丰富的动植物资源。

【文】刘奕楠
【图】郴州市林业局

永乐江国家湿地公园自古流传着中华药王神农氏的传说。"药不到安仁不齐，药不到安仁不灵，郎中不到安仁不出名。"

每年春分时节，来自全国各地的药商齐聚安仁，共赴一场中草药的盛典。到了五六月，药花烂漫，绯红、粉黄、玉白娇艳欲滴。深秋，"仙草"铺满田间，是中草药采收的关键时节，一派繁忙景象……

据普查，安仁县共有中药材850种，道地中药材主要有枳壳、杜仲、百合等大宗药材，也有白及、官桂、银杏等珍稀品种。

在自然中当个"小角色"

◎溶家洞国有林场

深山藏故事。

○ ● ○

【小名片】溶家洞国有林场，位于宜章县白沙圩，拥有"奇松、怪石、云海、雾凇、杜鹃"等高品质资源。

【文】彭雅惠　【图】郴州市林业局

亲入溶家洞国有林场，就能明了95年前工农革命军为何选择在这里休整。它少经人工斧凿，保留着连绵无际的森林，千军万马投入其中也能如泥牛入海，踪迹难寻。

青山树海中，有巨木耸立，挺出于众树之上直指蓝天。这是有千年树龄的古木莲，其中最粗壮的一株，5人才能合抱树干。

如此风水宝地，却鲜为人知，只因"邻居"莽山"主角光芒"太盛。或许天意使然，在这喧嚣时代里，低调地当个"小角色"，反而在见证无数兴废更替后，仍能保留最初的纯真。

不做南方"青藏高原"，只做自己

◎狮子口自然保护区

一步一重天，百步便成仙。

○ ● ○

【小名片】狮子口自然保护区，位于郴州市中部，记录有10余种国家重点保护树种，10余种国家二级保护动物。

【文】张航
【图】郴州市林业局

提及南方"青藏高原"，你会想到哪里？

湘鄂粤赣桂的登山爱好者或许会回答：狮子口。

登山爱好者借由种种别称表达对狮子口的赞誉。不过对狮子口而言，做自己才是最称心的选择。

狮子口因主峰峰顶似雄狮张口而得名。天气晴朗时，人们还能看到"狮子吞日"奇观。

登山爱好者对狮子口的爱，其来有自。攀登狮子口的过程实在是一种享受，蜿蜒小溪、莽莽林海、如茵碧草，有云海翻涌、日出日落、繁星满天……诸多震撼人心的美景，在这里，只是寻常。

图书在版编目（CIP）数据

湖湘自然历：与自然有约 / 湖南日报社编著. —长沙：
湖南科学技术出版社，2023.12
ISBN 978-7-5710-2506-9

Ⅰ. ①湖… Ⅱ. ①湖… Ⅲ. ①自然资源－介绍－湖南
Ⅳ. ①P966.264

中国国家版本馆 CIP 数据核字(2023)第 186611 号

HUXIANG ZIRANLI YU ZIRAN YOUYUE

湖湘自然历 与自然有约

编　著：湖南日报社
出 版 人：潘晓山
策 划 人：胡艳红
责任编辑：邹　莉
责任美编：彭怡轩
出版发行：湖南科学技术出版社
社　　址：长沙市芙蓉中路一段 416 号泊富国际金融中心
网　　址：http://www.hnstp.com
湖南科学技术出版社天猫旗舰店网址：
　　　　　http://hnkjcbs.tmall.com
邮购联系：0731-84375808
印　　刷：湖南天闻新华印务有限公司
　　　　　（印装质量问题请直接与本厂联系）
厂　　址：长沙望城雷锋大道银星路 8 号湖南出版科技园
邮　　编：410219
版　　次：2023 年 12 月第 1 版
印　　次：2023 年 12 月第 1 次印刷
开　　本：787mm×1150mm　1/32
印　　张：8.5
字　　数：210 千字
书　　号：ISBN 978-7-5710-2506-9
定　　价：78.00 元